KB032883

부모와 아이가 함께 알고 함께 쓰는

짝꿍 사자성어

등장인물 소개

선생님 은비 꼬미 나나 코코

부모와 아이가 함께 알고 함께 쓰는

짝꿍 사자성어

작은짝꿍책

글 인정림 · 강민경

그림 박수미

물주는아이

여는 글

짝꿍과 함께 떠나는 30일간의 네 글자 여행

나는 은비예요. 어른들은 왜 항상 어려운 말을 하는 걸까요?

"주말에 체육 대회를 한다고? 나는 금시초문인데."

"은비야, 이번 방학에는 작심삼일 하지 않게 계획을 잘 세워 봐."

"에그그, 둘이 싸우는 통에 꼬미만 어부지리 했구나."

네 글자로 이루어진 말인 건 알겠는데 뜻은 하나도 모르겠어요. 내가 눈을 껌뻑대며 빈틈을 보이는 순간 엄마, 아빠는 사자성어 공부해라, 한자 공부도 해야 한다며 잔소리 공격을 시작해요. 저런 어려운 말들이 어린이에게 정말 필요한 걸까요? 우리에게 공부하라고 하는 걸 어른들은 다 알고 있을까요?

엄마, 아빠도 내가 궁금해하는 인공지능이나 우주에 관한 질문에는 당황하면서 답을 잘 못하잖아요. 그것뿐인가요? 요즘 유행하는 줄임말에는 이렇게 말할 때도 있죠.

"뭐? 버카충 하게 돈을 달라고? 버카충은 무슨 벌레야?"

버카충은 벌레 이름이 아니라 버스 카드 충전의 줄임말이에요. 어른들도 우리들이 관심 있는 것, 우리가 자주 쓰는 말을 공부했으면 좋겠어요.

왜 우리에게만 공부하라고 하는 걸까요? 엄마, 아빠가 바쁘다고만 하지 말고 서로가 모르는 걸 가르쳐 주면서 같이 공부하면 좋을 것 같아요.

초등학생이 되면서부터 우리 어린이들은 많은 변화를 겪습니다. 학교 공부는 말할 것도 없고 다니는 학원도 한두 개씩 늘어나고 풀어야 하는 학습지도 점점 많아지게 되죠. 이뿐만이 아니에요. 부모님들은 글밥이 엄청 많은 책들로 책장을 꽉꽉 채워 줍니다. 독서를 통해 아이들이 생각하는 힘을 키우고 어휘력도 늘리길 바라는 마음 때문이겠지요. 그러나 부모님의 바람대로 어려운 책을 알아서 골라 읽고, 스스로 어휘를 공부하며 독서하는 아이들은 그리 많지 않을 겁니다. 우리 아이의 속마음은 앞에서 말한 은비의 마음과 같을 거예요.

'엄마, 아빠랑 함께하면 더 즐겁고 쉽지 않을까?'

이렇게 《짝꿍 사자성어》는 어린이와 어른이 함께 배우고 이야기할 수 있도록 만들어진 책입니다. 큰짝꿍책과 작은짝꿍책을 나눠 가지고 하루에 하나씩 30일 동안 사자성어를 익힐 수 있게 구성했습니다. 먼저 사자성어가 생기게 된 옛이야기를 읽고 한자를 쓰며 뜻을 새긴 후에 똑같은 주제로 엄마, 아빠와 이야기 나누면서 여러 활동을 할 수 있게 말이에요.

짝꿍 활동에는 가족과의 대화, 게임, 그림 그리기나 음악 감상도 있고 함께 읽으면 좋은 독서 활동도 제시되어 있습니다. 특히 다양한 주제로 대화하고 토론하는 활동은 논리적인 사고력의 기초를 다지고, 가족 간의 정서적 교감에 도움을 줍니다.

엄마, 아빠와 눈을 맞추며 함께한 이 시간들이 우리 아이들이 넓은 세상에서 뿌리가 단단한 사람으로 성장하는 밑거름이 되리라 믿어 의심치 않습니다.

여름의 문턱에서 여러분을 응원하며,

인정림

차례

이 책의 구성 및 활용법

하루 30분, 30일의 기적! 함께하면 더 쉽고 재미있는 《짝꿍 사자성어》
같은 주제 두 권의 책, 부모가 보는 큰짝꿍책 아이가 보는 작은짝꿍책

주제	구분	구성
사자성어	작은짝꿍책 (어린이용)	❶ 이렇게 만들어졌어요 ❷ 함께 알면 좋아요 ❸ 만화로 배우는 사자성어 ❹ 이렇게 써요 ❺ 오늘의 짝꿍 활동
	큰짝꿍책 (학부모용)	❶ 이렇게 만들어졌어요 ❷ 이럴 때 써요 ❸ 이렇게 써요 ❹ 오늘의 짝꿍 활동 ❺ 부모 에세이

★ 오늘의 사자성어

하루에 하나씩 사자성어를 익혀요. 책에는 총 30개의 사자성어가 수록되어 있어요.

❶ 이렇게 만들어졌어요

사자성어의 뜻과 유래를 알려 줘요. 사자성어에 얽힌 재미있는 이야기도 실었어요.

❷ 함께 알면 좋아요

오늘의 사자성어와 비슷하거나 반대되는 성어 또는 속담을 알아봐요.

❸ 만화로 배우는 사자성어

재미있는 만화를 통해 일상생활 속에서 사자성어가 어떻게 활용되는지 살펴봐요.

④ 이렇게 써요

사자성어를 이루는 한자 네 글자의 음과 뜻, 획순을 학습해요. 한자를 익히며 바른 글씨 쓰기 습관을 길러요.

⑤ 오늘의 짝꿍 활동

오늘의 사자성어와 관련된 세 개의 질문에 답해요. 답을 생각하면서 그날 배운 내용을 총정리하고 사자성어를 내 것으로 만들어요. 엄마 아빠와 서로의 생각을 나누는 짝꿍 활동은 이 책의 핵심이라고 할 수 있어요.

1

결초보은

結草報恩

풀을 묶어 은혜를 갚는다는 뜻으로,
죽어서라도 잊지 않고 은혜를 갚는다는 말이에요.

이렇게 만들어졌어요

중국 진나라에 위무자라는 사람이 살고 있었어요. 어느 날 위무자가 큰 병에 걸리자 아들 위과를 불러서 말했어요.

“내가 죽거든 네 새어머니를 좋은 곳에 시집보내 주도록 하여라.”

위과는 아버지를 정성껏 간호했지만 아버지의 병은 깊어만 갔어요. 죽음의 문턱에서 잠깐 정신이 든 아버지가 이번에는 이렇게 말했어요.

“내가 죽거든 네 새어머니도 함께 묻어 다오.”

진나라에는 남편이 죽으면 아내도 따라 묻는 **풍습**이 있었어요. 이 유언대로라면 새어머니는 꼼짝없이 죽음을 당할 처지였어요.

얼마 안 가 아버지가 돌아가셨어요. 위과는 두 유언 사이에서 고민하다가 아버지가 평소 맑은 정신일 때 한 유언을 따르기로 했어요.

“어머니, 부디 새 인생을 찾아 떠나십시오.”

얼마 후, 위과는 전쟁에 나가 싸우다 패하고 말았어요. 적군은 위과를 잡으려

무섭게 뒤쫓아 오고 있었어요.

그런데 적군이 오는 풀숲 가운데에 한 노인이 웅크리고 앉아 부지런히 풀을 묶고 있었어요. 눈 깜짝할 사이에 적군이 탄 말이 노인이 묶어 놓은 풀에 걸려 넘어지고 적들은 땅바닥에 고꾸라졌어요. 위과는 그 틈을 타 재빨리 도망쳐 목숨을 구했어요.

그날 밤, 위과의 꿈에 그 노인이 나타나 말했어요.

“나는 당신 새어머니의 아버지라오. 당신 덕분에 내 딸이 죽지 않고 살았으니 그 은혜를 갚기 위해 풀을 묶은 것입니다.”

풍습이란 옛날부터 그 사회에
전해 내려오는 생활 습관을 뜻해요.

함께 알면 좋아요

비슷한 성어 각골난망(刻骨難忘)

남에게 입은 은혜가 뼈에 새길 만큼 커서 잊히지 않는 것을 말해요.

반대되는 성어 배은망덕(背恩忘德)

남에게 입은 은혜를 저버리고 배신한다는 뜻이에요.

만화로 배우는 사자성어

아, 어떡해. 필통을 안 가져왔어!
은비야, 이거 써.
고마워. 이 은혜는 내가 꼭 갚을게.
점심시간
은비야, 편식하면 건강에 안 좋아. 골고루 먹어야지.
나나가 오늘 저를 도와줘서 결초보은하려고요. 나나야, 몸에 좋은 당근 너 다 줄게. 많이 먹어!
당근
널 위해 준비했어~!

이렇게 써요

12획 結 結 結 結 結 結 結 結 結 結 結 結

맺을 결	結	結	結		

9획 草 草 草 草 草 草 草 草 草

풀 초	草	草	草		

12획 報 報 報 報 報 報 報 報 報 報 報 報

갚을 보	報	報	報		

10획 恩 恩 恩 恩 恩 恩 恩 恩 恩 恩

은혜 은	恩	恩	恩		

결초보은	結	草	報	恩

오늘의 짝꿍 활동

1 친구에게 도움을 받은 일이 있나요? 있다면 어떤 일이었나요?

2 우리 전래동화에는 은혜를 갚는 이야기가 많아요. 부모님과 함께 〈은혜 갚은 까치〉를 읽고 느낀 점을 이야기해 보세요.

3 부모님에게 가장 고마움을 느낀 적은 언제였나요? 그때 느꼈던 고마운 마음을 오늘 부모님에게 이야기해 보세요.

꼬미야,
간식 먹으렴.
맛있는 음식 해 주셔서
고맙습니다.

2

고진감래

苦盡甘來

쓴 것이 다하면 단 것이 온다는 뜻으로,
고생 끝에 즐거움이 온다는 말이에요.

이렇게 만들어졌어요

어렵고 힘든 일을 쓴맛이라 표현하고, 즐겁고 편안한 상태를 단맛이라고 표현한 데서 온 사자성어예요. 어떤 일이 힘들어도 쉽게 포기하지 말고 끝까지 하다 보면 좋은 결과가 있을 거라는 뜻이에요.

함께 알면 좋아요

비슷한 속담 고생 끝에 낙이 온다

고생 끝에 즐거움이 온다는 뜻이에요.

비슷한 속담 태산을 넘으면 평지를 본다

힘들고 어려운 일 뒤에는 즐겁고 좋은 일이 생긴다는 뜻이에요.

만화로 배우는 사자성어

내가 아는 꼬미 맞아? 숫자만 봐도 멀미하는 네가 수학 공부를 하다니 웬일이야?
이거 다 풀어야 게임할 수 있단 말이야.
수학
고진감래라는 말도 있잖아. 힘내, 꼬미야!
뭐? (고래) 가 (감) 내놓으랬다고?
아니~
힘든일이 끝나면 즐거움이 찾아온다고!
정답이 있는 건 아니니 여러분의 느낌대로 다양한 답을 찾아요.
미술 시간
상상화 그리기
아 하
엄마, 학습지 다 풀었어요. 이제 게임해도 되죠?
느낌대로 다양한 답!
꼬미너! 이리안와?
수학 문제
1. 2+2=?
①1 ②2 ③3 ④4
2. 5-3=?
①1 ②2 ③3 ④4
3. 6+2=?
③7 ④8

이렇게 써요

8획 苦 苦 苦 苦 苦 苦 苦 苦

쓸 고	苦	苦	苦		

14획 盡 盡 盡 盡 盡 盡 盡 盡 盡 盡 盡 盡 盡 盡

다할 진	盡	盡	盡		

5획 甘 甘 甘 甘 甘

달 감	甘	甘	甘		

8획 來 來 來 來 來 來 來 來

올 래	來	來	來		

고진감래	苦	盡	甘	來

오늘의 짝꿍 활동

1 힘들고 어렵지만 열심히 노력해서 상을 받은 일이 있나요? 그때의 경험을 이야기해 보세요.

2 힘든 일을 잘 버티지 못해 원했던 것을 놓친 일이 있나요? 그때의 아쉬운 마음을 엄마, 아빠와 이야기해 보세요.

3 지금 가장 어렵다고 느끼는 일에는 무엇이 있을까요? 이 일이 지나고 나면 어떤 즐거운 일이 기다리고 있을지 상상해 보세요. 엄마, 아빠와 함께 즐거운 상상을 간단한 스케치로 남겨 보세요.

3

괄목상대

刮目相對

눈을 비비고 다른 사람을 대한다는 뜻으로, 남의 학식이나 재주가 놀랄 만큼 부쩍 늘었을 때를 일컫는 말이에요.

이렇게 만들어졌어요

중국 오나라의 왕 손권에게는 여몽이라는 부하 장수가 있었어요. 여몽은 가난한 집안에서 태어나 오로지 무술만 익혔을 뿐 글은 배우지 못해 학식이 전혀 없었어요.

어느 날 손권이 여몽을 불러 이제라도 글을 읽어 지식을 쌓으라고 충고를 했어요. 그러자 여몽은 자신은 글도 모를뿐더러 할 일이 많아서 책을 읽을 시간이 없다고 변명했어요. 손권은 여몽을 크게 꾸짖었어요.

"그대가 일이 아무리 많다 해도 나보다 많겠는가? 한나라 광무제는 전쟁 중에도 손에서 책을 놓지 않았고, 위나라 조조도 스스로 배움을 즐긴다고 했네."

이 말에 크게 부끄러움을 느낀 여몽은 그날 이후로 글을 배우고 매일 책을 읽으면서 학문에 힘을 쏟았어요.

어느 날 노숙이라는 사람이 여몽을 만났어요. 노숙은 병법에 관한 지식이 많아진 여몽을 보고 깜짝 놀라 말했어요.

"나는 자네가 오로지 무예만 잘하고 학식은 부족한 사람이라 생각했네. 그런데 그사이에 무슨 일이 있었던 건가?"

그러자 여몽은 웃으며 이렇게 말했어요.

"선비는 안 본 지 사흘이 지나면 눈을 비비고 대할 정도로 변해야 하는 것 아니겠습니까."

훗날 여몽은 손권을 도와 큰 공을 세워 오나라의 명장으로 불리게 되었어요.

명장은 이름난 장수를 말해요.

함께 알면 좋아요

비슷한 성어 일취월장(日就月將)

나날이 다달이 자라거나 발전하는 것을 말해요.

비슷한 성어 일신우일신(日新又日新)

날마다 새로워지고 또 날마다 새로워진다는 뜻이에요.

만화로 배우는 사자성어

오늘 꼬미네 다녀왔는데 꼬미가 인사도 잘하고, 심부름도 혼자 잘 다녀와서 깜짝 놀랐어. 정말 괄목상대했더라.
?
꼬미가 골목 식당에 갔다고?
그게 아니라 눈을 비비고 다시 볼 만큼 변했다고.
꼬미가 변한 게 기특해서 엄마가 용돈 주고 왔어.
정말?
용돈?
잠시 후
엄마, 나 변한 거 없어?
이 정도면 괄목상대지?
나도 용돈 플리즈~!
오 마이 갓!

이렇게 써요

8획 刮 刮 刮 刮 刮 刮 刮 刮

비빌 괄	刮	刮	刮		

5획 目 目 目 目 目

눈 목	目	目	目		

9획 相 相 相 相 相 相 相 相 相

서로 상	相	相	相		

14획 對 對 對 對 對 對 對 對 對 對 對 對 對 對

대할 대	對	對	對		

괄목상대	刮	目	相	對

오늘의 짝꿍 활동

1 아주 어렸을 때를 떠올려 보세요. 그때와 비교해서 지금은 아주 잘하게 된 것이 무엇인지 이야기해 보세요.

2 엄마, 아빠가 예전과 비교해서 눈에 띄게 발전한 부분이 있는지 찾아보세요. 엄마, 아빠가 어떤 노력을 해서 발전했는지 생각해 보고, 그 점을 칭찬해 보세요.

3 어려서는 또래에 비해 뒤떨어진다는 평가를 받았지만 나중에 위대한 업적을 이룬 사람들이 있어요. 과학자 아인슈타인도 그러했답니다. 엄마, 아빠와 함께 아인슈타인에 관한 이야기를 읽고, 이야기를 나눠 보세요.

무엇이든
열심히 연습하면
괄목상대할 만큼
실력이 늘 거야!

4

금시초문

今始初聞

이제 막 처음으로 듣는다는 뜻이에요.

이렇게 만들어졌어요

이전에는 들어 보지 못하고 지금 처음으로 듣는 소리라는 뜻으로 쓰여요. 흔히 처음 듣는 소식이나 이전에는 없던 낯선 이야기 등을 표현할 때 쓰는 말이에요.

처음 듣는 소리.
금시초문이군.

함께 알면 좋아요

비슷한 성어 금시초문(今時初聞)

비로소 시(始)라는 한자 대신에 때 시(時) 자를 사용하기도 해요.

만화로 배우는 사자성어

너 그 얘기 들었어? 꼬미가 어제 은비한테 고백해서 난리도 아니었대.
어머머! 나는 금시초문이야. 꼬미가 언제부터 은비를 좋아했대? 둘이 앙숙이잖아!
엥? 꼬미가 은비를 좋아해? 그거야말로 금시초문인걸?
네가 좀 전에 꼬미가 은비한테 고백했다고 했잖아. 아이러브유~ 꺄악!
어휴, 그런 고백이 아니고. 은비가 엄청 아끼는 딱지를 꼬미가 슬쩍해서 다른 형이랑 시합을 했대. 근데 하필 꼬미가 져서 그 딱지를 뺏겼대. 그걸 고백한 거지.
으악! 꼬, 꼬미는 어떻게 됐어?
그건 네 상상에 맡길게.
무.. 무서워
가만 안 둬!
살려 줘.

은비야, 미안.

이렇게 써요

4획 今 今 今 今

이제 금	今	今	今		

8획 始 始 始 始 始 始 始 始

비로소 시	始	始	始		

7획 初 初 初 初 初 初 初

처음 초	初	初	初		

14획 聞 聞 聞 聞 聞 聞 聞 聞 聞 聞 聞 聞 聞 聞

들을 문	聞	聞	聞		

금시초문	今	始	初	聞

오늘의 짝꿍 활동

1 오늘 학교에서 생긴 일 중에 기억나는 일이 있나요? 뉴스를 진행하는 앵커처럼 가족에게 소식을 전해 보세요.

2 뉴스를 보거나 신문을 읽으면 우리가 살고 있는 사회에 새롭게 일어난 일을 알 수 있어요. 금시초문인 사건 한 가지를 뽑아서 적어 보세요.

3 재미난 비밀 한 가지를 엄마나 아빠와 교환해서 이야기해 봐요. 서로에게 금시초문인 이야기를 나누면 사이가 더욱 가까워지는 걸 느낄 수 있어요.

엄마,
사실 어제 아침에….
어머, 그랬니?

5

난형난제

難兄難弟

누구를 형이라 하고 누구를 아우라 하기 어렵다는 뜻으로, 두 사람 중에 누가 더 낫다고 말할 수 없는 경우를 말해요.

이렇게 만들어졌어요

후한 말에 진식이라는 학자가 있었어요. 진식에게는 진기와 진심이라는 두 아들이 있었어요. 두 아들은 아버지를 닮아 학문과 재주가 뛰어났어요. 또한 진기에게는 군이라는 아들이, 진심에게는 충이라는 아들이 있었어요.

하루는 군과 충이 자기 아버지가 더 훌륭하다며 다투었어요. 그런데 한참이 지나도 누가 더 나은지 결론이 나지 않았어요. 군과 충은 할아버지인 진식에게 가서 물어보기로 했어요. 진식은 손자들의 물음에 난처해지고 말았어요. 각자 자기 아버지가 더 낫다고 생각하는 손자들에게 누가 더 훌륭하다고 딱 잘라 말하기 어려웠기 때문이에요. 할아버지 진식은 고민 끝에 이렇게 말했어요.

"기는 형 노릇 하기 어려울 것이고, 심은 동생 노릇 하기가 어려울 것이다."

진기는 뛰어난 동생의 형 노릇 하기 어려울 것이고, 진심은 뛰어난 형의 동생 노릇 하기가 힘들 것이라는 말이었어요. 누가 더 낫고 누가 못한지 가릴 수 없다는 진식의 지혜로운 대답에 군과 충은 고개를 끄덕였어요.

함께 알면 좋아요

비슷한 성어 막상막하(莫上莫下)

위도 없고 아래도 없다는 뜻으로, 높고 낮음을 결정하기 힘들다는 뜻이에요.

비슷한 속담 도토리 키 재기

크기가 고만고만한 도토리의 키를 재 보아야 별 차이가 없다는 뜻이에요.

우리는
막상막하!
난형난제!

만화로 배우는 사자성어

교실
이번 주 독서왕을 발표할게요. 코코와 나나! 둘 다 열 권이나 읽었네요. 칭찬 스티커를 줄게요.
또 나나랑 무승부라니.
분하다. 다음엔 내가 꼭 다 가지고 말겠어.
종례 시간
폐건전지 가져오는 거 잊지 않았죠? 많이 가져오는 사람에게 칭찬 스티커를 줄 거예요.
칭찬
이번에는 내가 꼭 이길 거야!
코코네
앗! 시계가 왜 멈췄지?
나나네
어머, 건전지가 사라졌네?
2
다음 날, 교실
선생님, 제가 더 많이 가져왔어요.
아니에요. 선생님. 제 게 더 많아요.
너희 둘은 정말 난형난제로구나.

이렇게 써요

19획 難

어려울 난	難	難	難		

5획 兄

형 형	兄	兄	兄		

19획 難

어려울 난	難	難	難		

7획 弟

아우 제	弟	弟	弟		

난형난제	難	兄	難	弟

오늘의 짝꿍 활동

1 한 치의 양보도 없이 경쟁해 본 일이 있나요? 어떤 상황이었는지 이야기해 보세요.

2 엄마, 아빠와 난형난제라고 할 만한 것이 있는지 한번 찾아보세요. 어린이도 어른과 실력이 비슷하거나 혹은 더 잘하는 것들이 꽤 많아요.

3 엄마, 아빠와 함께 좋아하는 게임이나 스포츠 경기를 보며 응원해 보세요. 막상막하의 승부 끝에 내가 응원하는 팀이 이기면 더 짜릿하겠죠? 오늘의 경기 결과를 일기로 남겨 보는 것도 추천해요.

역시 우리의 7번 쏘니!!
오늘도 골이다!
오예~ 골!

6

다다익선

多多益善

많으면 많을수록 좋다는 뜻이에요.

이렇게 만들어졌어요

중국을 천하 통일한 한나라의 황제 유방이 신하 한신과 함께 여러 장수들의 능력에 대해 이야기를 나누었어요. 장수들이 이끌 수 있는 군사의 숫자로 등급을 매기며 이야기했지요. 그러다 문득 유방이 한신에게 물었어요.

"그럼 나는 어느 정도의 군사를 거느릴 수 있겠는가?"

한신은 대뜸 이렇게 대답했어요.

"폐하께서는 기껏해야 10만 명을 넘지 않을 것입니다."

유방은 속으로 괘씸한 생각이 들었어요. 하지만 꾹 참고 한신에게 다시 물었어요.

"내가 10만 명이라면 그대는 어느 정도를 이끌 수 있는가?"

"저는 많으면 많을수록 좋습니다."

한신의 대답에 기가 찬 유방은 다시 물었어요.

"그대는 다다익선이라면서 어찌 10만 명밖에 이끌지 못하는 내 밑에 있는 것인가?"

그러자 한신이 머리를 조아리며 대답했어요.

"폐하께서는 군사를 이끄는 데는 저보다 못하지만, 군사 위에 있는 장수들을 거느리는 일은 누구보다도 뛰어나십니다. 폐하의 능력은 하늘이 내리신 것입니다. 이것이 제가 폐하의 신하로 있는 까닭입니다."

함께 알면 좋아요

반대되는 성어 과유불급(過猶不及)

정도가 지나친 것은 모자란 것과 같다는 뜻이에요.

엄마, 아빠에게 '사랑해'라고 말해 봐요. 가족 간의 사랑도 다다익선이니까요!

꼬미야, 아무리 방학 이라지만 놀지만 말고 책 좀 읽어.
헉. 그걸 다요?
다다익선! 많으면 많을수록 좋다는 말이야. 이거 다 읽고 독서왕 퀴즈 대회에 도전해 보자.
꼬미야, 수박 먹으면서 해.
덥다… 더워
문제 풀이
시원한 수박, 커커커커커온~
여름엔 수박이 최고야.
엄마! 수박 더 주세요! 다다익선이니까 많이 먹을수록 좋잖아요!
이미 많이 먹었는데….
잠시 후…
으아, 꼬미 살려~ 다다익선 취소요!
화장실
333

이렇게 써요

6획 多 多 多 多 多 多

많을 다	多	多	多		

6획 多 多 多 多 多 多

많을 다	多	多	多		

10획 益 益 益 益 益 益 益 益 益 益

더할 익	益	益	益		

12획 善 善 善 善 善 善 善 善 善 善 善 善

좋을 선	善	善	善		

다다익선	多	多	益	善

오늘의 짝꿍 활동

1 많으면 많을수록 좋은 것에는 무엇이 있나요? 또 많으면 많을수록 싫은 것에는 무엇이 있는지 이야기해 보세요.

2 백남준의 비디오 아트 작품 <다다익선>을 부모님과 함께 찾아보세요. 작품을 감상한 후에 우유갑이나 상자를 이용해 나만의 비디오 아트를 표현해 보세요.

3 엄마, 아빠와 서로에게 바라는 것을 적은 다다익선 카드를 만들어 교환해 보세요. 카드에 '엄마가 게임 시간을 늘려 주면 좋겠어요', '아빠가 놀아 주는 시간이 많았으면 좋겠어요' 등등 자신이 원하는 것을 짧은 메시지로 전해 보세요. 부모님이 나에게 바라는 것은 무엇인지도 읽고 함께 이야기를 나눠 보세요.

엄마, 아빠한테 바라는
다다익선을 가득 적어 볼까?

7

대기만성

大器晩成

**큰 그릇은 늦게 이루어진다는 뜻으로,
훌륭한 사람이 되기 위해서는 많은 시간과
노력이 필요하다는 말이에요.**

이렇게 만들어졌어요

중국 위나라에 최염이라는 장수가 있었어요. 최염은 훌륭한 외모와 사람됨으로 주위 사람들에게 늘 존경을 받았어요. 그에게는 최림이라는 사촌 동생이 있었는데 최림은 최염과는 달리 뛰어난 구석이 하나도 없었어요. 친척들은 이러한 최림을 무시하고 업신여겼어요.

“최림은 어찌 저리 잘하는 것이 하나도 없는지. 쯧쯧, 저러니 언제 **출세**를 하겠어.”

그렇지만 최염은 최림의 사람됨을 알아보고 늘 이렇게 말했어요.

“큰 종이나 솥이 쉽게 만들어지지 않는 것처럼 큰 인물도 마찬가지입니다. 큰 재능이 완성되려면 오랜 시간과 노력이 필요합니다. 내 아우 최림은 큰 그릇처럼 늦게 만들어질 뿐 언젠가는 반드시 큰 인물이 될 것입니다.”

훗날 최림은 최염의 말대로 높은 벼슬에 올라 나라의 중요한 일을 하게 되었어요.

함께 알면 좋아요

반대되는 성어 용두사미(龍頭蛇尾)

머리는 용이고 꼬리는 뱀이라는 뜻으로, 시작은 좋았으나 갈수록 나빠진다는 의미예요.

반대되는 속담 될성부른 나무는 떡잎부터 알아본다

잘될 사람은 어려서부터 남달리 장래성이 엿보인다는 뜻이에요.

출세는 사회적으로 높은 지위에 오르거나
유명해지는 것을 말해요.

음악 시간
으아, 도저히 못 들어 주겠어.
은비가 이 정도로 음치였다니.
으으~.
....
힝...
미술 시간
너 지금 좀비를 만드는 중이니?
좀비 아니고 사람이거든!
은비야, 무슨 고민 있니?
선생님, 저는 잘하는 게 하나도 없어요. 뭘 해도 다 망치기만 해요.
은비는 대기만성형이야. 꾸준히 노력하면서 천천히 달려 나가면 성공할 거야.
네, 선생님!
며칠 후
슝~!!
룰~루~
빨리 안 뛰고 뭐 해!
대기만성 몰라? 천천히 달려 나가면 성공할 수 있어.

이렇게 써요

3획 大 大 大

큰 대	大	大	大		

16획 器 器 器 器 器 器 器 器 器 器 器 器 器 器 器 器

그릇 기	器	器	器		

12획 晩 晩 晩 晩 晩 晩 晩 晩 晩 晩 晩 晩

늦을 만	晩	晩	晩		

6획 成 成 成 成 成 成

이룰 성	成	成	成		

대기만성	大	器	晩	成

오늘의 짝꿍 활동

1 잘하고 싶은 마음은 가득한데 잘 되지 않아 속상한 일이 있었나요? 언제 그런 마음이 들었는지 엄마, 아빠와 이야기해 보세요.

2 처음에는 어렵기만 했던 일을 꾸준히 노력해서 잘하게 된 경험이 있나요? 엄마, 아빠에게 신나게 자랑해 보세요.

3 지금은 잘하지 못하지만 앞으로 이루고 싶은 작은 목표를 세우고 짝꿍 계획표를 만들어 보세요. 계획을 실천했을 때마다 계획표에 서로 멋진 기호로 표시를 해 주세요.

8

동문서답

東問西答

묻는 말에 대하여 전혀 상관없는 엉뚱한 대답을 한다는 뜻이에요.

이렇게 만들어졌어요

동쪽이 어디냐고 묻는데 서쪽으로 대답한다는 데서 나온 말이에요. 질문의 뜻을 이해하지 못하고 엉뚱하게 대답하는 것을 의미해요. 혹은 질문의 뜻을 알면서도 일부러 엉뚱하게 대답해 질문하는 사람을 곤란하게 만드는 것을 뜻하기도 해요.

함께 알면 좋아요

★ 동서남북(東西南北)

동쪽, 서쪽, 남쪽, 북쪽 네 방향을 나타내는 한자어예요.

반대되는 성어 우문현답(愚問賢答)

어리석은 질문을 받고 현명하게 대답한다는 뜻이에요.

만화로 배우는 사자성어

동문서답 ❶

은비야, 너 학교 앞에서 파는 솜사탕 먹어 봤어? 엄청 맛있고 달콤한 구름 같았어.
응응. 엄청 멋있어서 구름 위를 걷는 기분이야.
엥??
훈남
멋지다...

동문서답 ❷

코코야, 너 이번 방학에 어디 갔다 왔어? 완전 새까매졌네.
보고 싶었어, 나도!
무슨 소리야? 여행 다녀왔냐고 물었는데.
이제 자주 보면 되지.

너 왜 자꾸 동문서답하니?
??
나나야, 꼬미가 댕댕이 보러 놀러 오라는데 같이 갈래?
이어폰

은비도 동문서답,
코코도 동문서답….

이렇게 써요

8획 東東東東東東東東

동쪽 동	東	東	東		

11획 問問問問問問問問問問問

물을 문	問	問	問		

6획 西西西西西西

서쪽 서	西	西	西		

12획 答答答答答答答答答答答答

답할 답	答	答	答		

동문서답	東	問	西	答

오늘의 짝꿍 활동

1 동문(東問)과 서답(西答)은 서로 반대되는 글자입니다. 대동(大同)과 소이(小異)처럼요. 이렇게 반대되는 글자로 이루어진 단어는 또 무엇이 있을까요? 한 개씩만 찾아보세요.

대동소이(大 큰 대 同 한가지 동 小 작을 소 異 다를 이)는 크게 보면 같지만 작게 보면 다르다는 말로, 큰 차이가 없이 거의 같다는 뜻이에요.

2 가족들과 이야기하면서 동문서답했던 일이 있나요? 그중 기억나는 일을 말해 보세요.

3 엄마, 아빠와 함께 동문서답 게임을 해 보세요. 동문서답 게임은 질문에 전혀 상관없는 대답을 해야 하고, 질문에 맞는 대답을 하면 지는 게임이에요. 예를 들면 "엄마는 무슨 음식을 제일 좋아해?"라고 물었을 때 엄마가 "노란색"이라고 대답하면 괜찮지만, "불고기"라고 대답하면 지는 거예요. 상대방이 생각할 틈이 없도록 빠르게 질문하는 것이 이기는 비결이에요.

9

동상이몽

同床異夢

같은 침대에 자면서
서로 다른 꿈을 꾼다는 뜻이에요.

이렇게 만들어졌어요

중국 남송 때 진량이라는 학자가 있었어요. 진량이 살던 시기에는 전쟁이 끊임없이 일어났어요. 주변의 여러 나라들은 전쟁에서 이기기 위해 다른 나라와 겉으로는 손을 잡는 척하면서 배신을 하는 일이 많았어요. 진량은 이러한 상황을 사람들이 같은 침대에 자면서 서로 다른 꿈을 꾸는 것으로 표현했어요. 겉으로는 같이 행동하는 것처럼 보이지만 속으로는 서로 다른 생각을 하고 있다는 말이에요.

함께 알면 좋아요

반대되는 성어 이구동성(異口同聲)

입은 다르나 목소리는 같다는 뜻으로, 여러 사람의 의견이 같거나 한목소리를 낼 경우에 쓰는 말이에요.

자기가 뽑은 마니또가 누군지 확인했지요? 일주일 동안 친구의 수호천사가 되어 주세요.
마니또
네
네
네~
아앗
나나야, 조심해.
고마워, 은비야.
혹시 은비가 내 마니또?
!!
왜 자꾸 쳐다보지? 은비가 내 마니또인 게 분명해.
하굣길
나나야, 너한테 줄 게 있어.
어? 뭔데?
야호! 은비가 선물을 주려나 봐.
!!
꺄악!!
으악!
짠!
히히, 지난번에 나 빼고 떡볶이 먹은 복수닷!
은비 너 !!!!
동상이몽이었군.
!!!

이렇게 써요

6획 同同同同同同

같을 동	同	同	同		

7획 床床床床床床床

평상 상	床	床	床		

11획 異異異異異異異異異異異

다를 이	異	異	異		

13획 夢夢夢夢夢夢夢夢夢夢夢夢夢

꿈 몽	夢	夢	夢		

동상이몽	同	床	異	夢

오늘의 짝꿍 활동

1 친구도 나와 같은 마음인 줄 알았는데, 알고 보니 서로 달라서 속상했던 일이 있나요? 엄마, 아빠와 이야기 나눠 보세요. 부모님이 토닥토닥해 주면 속상했던 마음도 어느새 사라질 거예요.

2 같을 동(同)과 다를 이(異)는 서로 반대되는 한자예요. 이렇게 반대되는 한자들을 세 가지만 찾아보세요.

3 오늘은 가족과 동상이몽 게임을 해 보아요. 예를 들어 한 사람이 제시어 "짜장면 짬뽕"을 외친 다음 "하나, 둘, 셋."을 세면 나머지 사람들이 동시에 두 가지 중 하나를 말해야 해요. 만약 똑같은 대답이 나오면 제시어를 말한 사람은 점수를 얻지 못해요. 동상이몽 게임은 다른 대답이 나와야만 제시어를 말한 사람이 점수를 얻을 수 있어요. 서로 돌아가면서 제시어를 말하고 게임을 해 보세요.

피자 vs 치킨
하나, 둘, 셋!
피자!
치킨!

10

두문불출

杜門不出

문을 닫아걸고
밖으로 나가지 않는다는 뜻이에요.

이렇게 만들어졌어요

집에만 틀어박혀 바깥출입을 하지 않는 모습을 말해요. 세상과 소통하지 않고 집 안에만 있는 것을 뜻하지요. 예전에 선비들이 관직에 나서지 않고 숨어 사는 모습을 표현할 때도 두문불출이라는 말을 사용했어요.

아~
나가서 놀고 싶다.
역시 두문불출은
나랑 안 맞아.
문제풀이

함께 알면 좋아요

반대되는 성어 문전성시(門前成市)

찾아오는 사람이 많아서 집 문 앞이 시장을 이루다시피 북적거린다는 말이에요.

만화로 배우는 사자성어

꼬미는 지금 공부 중이라 못 나온대.
꼬미가 공부를 해?
앗, 꼬미네 엄마다! 사실인지 확인해 봐야겠어.
아줌마, 꼬미 지금 뭐 하고 있어요?
우리 꼬미? 두문불출하고 책상 앞에 앉아 있지.
꼬미가 공부한다는 말이 진짜예요?
공부?
밤에 몰래 게임하다 들켜서 꼼짝없이 반성문 쓰는 중이야.
어젯밤
현재

이렇게 써요

7획 杜 杜 杜 杜 杜 杜 杜

닫을 두	杜	杜	杜		

8획 門 門 門 門 門 門 門 門

문 문	門	門	門		

4획 不 不 不 不

아닐 불	不	不	不		

5획 出 出 出 出 出

나갈 출	出	出	出		

두문불출	杜	門	不	出

오늘의 짝꿍 활동

1 속상하거나 부끄러워서 방문을 쾅 닫고 두문불출했던 경험이 있나요? 있다면 어떤 일 때문이었는지 엄마, 아빠와 이야기해 보세요.

2 속상한 마음을 달래는 나만의 방법이 있나요? 어떻게 하면 속상한 마음이 가라앉고 기분이 좋아지는지 세 가지만 적어 보세요.

3 안전을 위해서 두문불출해야 하는 때도 있어요. 어떤 경우에 우리가 집 안에 머물러야 하는지 말해 보세요.

밖에 난리도 아니야~!
역시 이불 밖은 위험해!

11

맹모삼천

孟母三遷

맹자(孟子)의 어머니가 아들을 가르치기 위해 세 번이나 이사를 했다는 뜻이에요.

이렇게 만들어졌어요

맹자는 어린 나이에 아버지를 잃고 홀어머니와 함께 살고 있었어요. 맹자의 어머니는 아들의 교육에 남다른 열정을 가지고 있는 분이었어요.

처음에 맹자의 집은 공동묘지 근처였어요. 맹자는 매일 아이들과 땅을 파고 무덤 만드는 흉내를 내며 놀았어요. 그 모습을 본 맹자의 어머니는 묘지 근처를 떠나기로 결심하고, 시장 근처로 이사를 갔어요. 그러자 맹자는 아이들과 매일 물건을 사고파는 흉내를 내며 놀았어요.

얼마 후 맹자의 어머니는 다시 짐을 꾸려 이사를 떠났어요. 세 번째 이사한 집은 서당 근처에 있었어요. 이곳에서는 매일 서당 아이들의 글 읽는 소리가 들렸어요. 그러자 맹자는 아이들과 어울려 날마다 책을 펴고 글을 읽는 서당놀이를 했어요. 그 모습을 본 맹자의 어머니는 흐뭇한 미소를 지었어요.

'이제야 우리 맹자를 잘 교육시킬 수 있는 곳을 찾았구나.'

맹자는 그 후 학문에 힘써 지금까지도 이름을 남긴 훌륭한 학자가 되었어요.

함께 알면 좋아요

비슷한 성어 맹모삼천지교(孟母三遷之教)

맹모삼천은 맹모삼천지교의 줄임말이에요. 교육은 환경의 영향을 많이 받는다는 뜻으로 쓰여요.

우리 꼬미
공부 열심히 하네!
꼬모삼천은
필요 없겠어.
문제 풀이

만화로 배우는 사자성어

엄마, 여기서는 크게 자라지 못할 것 같아. 아무래도 이사를 하는 게 좋겠어.
그렇지? 맹모삼천이란 말이 왜 있겠어. 학원 많은 동네로 당장 이사 가자!
갑자기 이사를 왜 가?
큰 인물이 되려면 이사하는 게 좋겠다며?
푸하하. 엄마, 여기를 좀 봐.
집이 너무 좁아서 애들이 매일 싸우는 것 같아. 더 큰 집으로 바꿔 주자!
장수풍뎅이 얘기였다니...

이렇게 써요

8획 孟

맏 맹	孟	孟	孟		

5획 母

어미 모	母	母	母		

3획 三

셋 삼	三	三	三		

15획 遷

옮길 천	遷	遷	遷		

맹모삼천	孟	母	三	遷

오늘의 짝꿍 활동

1 맹자의 어머니는 자식의 교육을 위해 세 번 이사를 했어요. 엄마, 아빠가 나를 잘 키우기 위해 애쓰시는 것에는 어떤 것이 있을까요? 고마운 마음을 카드에 적어 부모님께 선물해 보세요.

2 소원을 들어주는 요정 지니가 나타났어요. 한 달 동안 살고 싶은 곳을 마음껏 고를 수 있게 해 준다면 어디에서 살고 싶은지 엄마, 아빠와 이야기해 보세요.

3 우리 집 주변에는 어떤 환경이 있는지 이야기 나눠 보고 우리 동네 지도를 그려 보세요. 가장 좋아하는 장소 세 군데를 골라 기호로 표시해 보아요.

12

사면초가

四面楚歌

**사방에서 초나라의 노래가 들린다는 뜻이에요.
사방이 적으로 둘러싸인 것처럼 아무에게도 도움을
받지 못하는 어려운 상황에 빠진 것을 말해요.**

이렇게 만들어졌어요

유방과 한신이 이끄는 한나라와 항우가 이끄는 초나라가 전쟁을 하게 되었어요. 기나긴 싸움 끝에 초나라의 항우는 한나라에 전쟁을 멈출 것을 제안했어요. 한나라의 유방도 이를 받아들였어요. 항우는 곧 군사를 돌렸어요.

그런데 한나라는 휴전하기로 한 약속을 어기고 초나라를 잡으려 맹렬히 추격했어요. 항우의 군대는 이미 싸울 의욕을 잃어 겹겹이 쌓인 한나라의 군대를 뚫고 나갈 수 없었어요.

달이 어슴푸레 떠오른 밤, 한나라 군대는 사방에서 초나라의 노래를 불렀어요. 지칠 대로 지친 초나라 군사들은 고향의 노랫소리가 들려오자 눈물을 흘리면서 도망쳤지요.

항우가 귀 기울여 들어 보니 한나라 **진영**에서 초나라 노래가 들렸는데, 그 노래를 부르는 사람이 대단히 많은 것 같았어요.

"한나라가 벌써 초나라 땅을 모두 빼앗은 것인가? 어찌하여 한나라 진영에 초나라 사람이 저리도 많은가?"

모든 것이 끝났다고 여긴 항우는 마지막 술자리를 열고 말했어요.

"나는 지금까지 여러 차례 큰 전쟁을 벌였지만, 한 번도 패한 적이 없었다. 하지만 이렇게 사방에서 포위당하니 이건 하늘이 나를 망하게 하려는 것이다."

끝까지 한나라 병사들과 싸움을 벌이던 항우는 결국 군사를 모두 잃고 말았어요.

서로 맞서고 있는 세력의 한쪽을
진영이라고 한답니다.

함께 알면 좋아요

비슷한 성어 진퇴양난(進退兩難)

나아갈 수도 없고 물러설 수도 없다는 뜻이에요. 이러지도 저러지도 못하는 어려운 상황에 빠진 것을 말해요.

비슷한 성어 풍전등화(風前燈火)

언제 꺼질지 모르는 바람 앞의 등불이란 말로, 몹시 위태로운 처지에 놓인 것을 말해요.

나를 회장으로 뽑아 주면
내가 청소 당번 대신해 줄게.
진짜?
?!
회장이 되면 청소는 내가 다 할게.
정말?
학급회장 "꼬미"
우리 반 회장으로 꼬미가 뽑혔어요.
축하해 꼬미야~
감사합니다아~
청소 당번은 남아서 깨끗이 청소해 주세요.
학교끝
학급회장 "꼬미"
네
네
학급회장 "꼬미"
꼬미야, 수고해.
어휴, 사면초가에 빠졌네….

이렇게 써요

5획 四四四四四

넷 사	四	四	四		

9획 面面面面面面面面面

얼굴 면	面	面	面		

13획 楚楚楚楚楚楚楚楚楚楚楚楚楚

초나라 초	楚	楚	楚		

14획 歌歌歌歌歌歌歌歌歌歌歌歌歌歌

노래 가	歌	歌	歌		

사면초가	四	面	楚	歌

오늘의 짝꿍 활동

1 사방이 적으로 둘러싸인 것처럼 외로운 적이 있었나요? 그때 누가 도와주었나요?

2 노래 방향 맞히기 놀이를 해 보세요. 술래가 된 사람은 눈을 감고 노랫소리에 귀를 기울여 보세요. 어느 쪽에서 들리는지 맞히면 이기는 놀이입니다. 술래가 아닌 사람은 화장실, 방문 뒤쪽 등에 숨어서 노래를 해 보세요.

3 경쟁자인 줄로만 알았는데 알고 보니 좋은 친구였던 경우가 있었는지 부모님의 경험담을 물어보세요. 적과 친구를 어떻게 구별하는지도 함께 이야기 나눠 보세요.

하아, 외롭구나!

13

사필귀정

事必歸正

**모든 일은 반드시 올바른 곳으로
돌아간다는 뜻이에요.**

이렇게 만들어졌어요

어떤 일이 잘못된 방향으로 흘러가는 것 같아도 결국 올바른 방향으로 돌아가게 되어 있다는 뜻이에요. 처음에는 나쁜 것이 힘을 얻는 것 같아 보여도, 결국에는 정의가 승리하는 법이니까요.

함께 알면 좋아요

비슷한 성어 인과응보(因果應報)

원인과 결과에는 반드시 이유가 있다는 뜻이에요. 노력에는 성과가 있고 반대로 아무 일도 하지 않았다면 아무것도 얻지 못한다는 말이에요.

비슷한 속담 콩 심은 데 콩 나고 팥 심은 데 팥 난다

모든 일은 원인에 따라 거기에 걸맞은 결과가 나타난다는 말이에요.

만화로 배우는 사자성어

이번에도 수학 시험 빵점 받으면 외출 금지야!
나나 시험지 커닝해야지.
흘깃
잠시 후
네? 빵점요?
나나 100점. 은비 빵점.
꼬미도 빵점.
은비랑 꼬미가 사이좋게 빵점이구나.
오늘의당번 "꼬미"
은비야, 네가 있어서 난 외롭지 않다!
꼬미
엥?
앗! 내 앞에 앉은 아이가 나나가 아니라 꼬미였어?
나나
??
으~~~~앙
역시 사필귀정 인가 봐.

이렇게 써요

8획 事事事事事事事事

일 사	事	事	事		

5획 必必必必必

반드시 필	必	必	必		

18획 歸歸歸歸歸歸歸歸歸歸歸歸歸歸歸歸歸歸

돌아갈 귀	歸	歸	歸		

5획 正正正正正

바를 정	正	正	正		

사필귀정	事	必	歸	正

오늘의 짝꿍 활동

1 부모님이나 선생님에게 혼날까 봐 거짓말을 한 일이 있었나요? 거짓말을 들켰을 때 스스로에게 어떤 마음이 들었는지 엄마, 아빠와 이야기 나눠 보세요.

2 어떤 일이 결국 올바르게 마무리된 사필귀정의 경험이 있나요? 엄마, 아빠에게 들려주세요. 반대로 부모님이 겪었던 사필귀정의 경험담도 들어 보세요.

3 학교에서 또는 온라인에서 친구를 따돌리거나 괴롭히는 것은 옳지 못한 행동이에요. 이런 일이 일어나지 않도록 하려면 어떻게 해야 할지 부모님과 이야기해 보세요.

친구를 따돌리거나
괴롭히는 건
나쁜 행동이야!

14

새옹지마

塞翁之馬

**변방에 사는 노인의 말이라는 뜻으로,
인생의 좋고 나쁜 일은 변화가 많아서
예측하기 어렵다는 말이에요.**

이렇게 만들어졌어요

중국 변방 마을에 한 노인이 살고 있었어요. 어느 날, 노인이 키우는 말이 도망쳐서 국경을 넘어가 버렸어요. 마을 사람들이 노인을 찾아와 위로했어요. 그러자 노인은 담담한 목소리로 말했어요.

"이 일이 복이 될지 누가 알겠소?"

몇 달 후, 도망쳤던 말이 멋진 말 한 마리와 짝을 이뤄 노인의 집으로 돌아왔어요. 이번에는 마을 사람들이 모두 축하를 했어요. 하지만 노인은 기뻐하지 않았어요.

"글쎄올시다. 이 일이 나쁜 일이 될지 누가 알겠소."

그러던 어느 날, 노인의 아들이 말을 타다 떨어져 다리를 크게 다치고 말았어요. 마을 사람들이 다시 노인을 위로했어요. 그러자 노인이 담담하게 말했어요.

"괜찮소. 이 일이 복이 될지도 모르지요."

1년 뒤, 오랑캐가 쳐들어와 전쟁이 나자 마을의 젊은이들이 모두 전쟁터에 끌려갔어요. 전쟁에 나간 젊은이들은 대부분 목숨을 잃고 말았지요. 그러나 노인의 아들은 다리가 아파 전쟁에 끌려가지 않고 목숨을 지킬 수 있었어요.

이렇게 복인 줄 알았던 일이 나쁜 일이 되기도 하고, 나쁜 일이 좋은 일로 바뀌듯이 세상의 일은 섣불리 예측하기 어려워요.

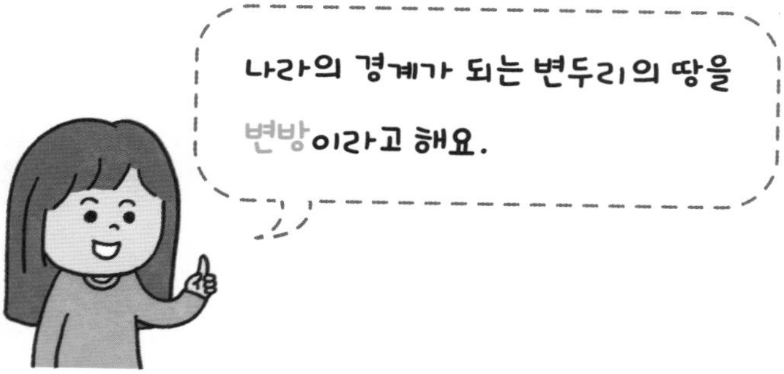
나라의 경계가 되는 변두리의 땅을
변방이라고 해요.

함께 알면 좋아요

비슷한 성어 전화위복(轉禍爲福)

근심, 걱정거리가 바뀌어서 오히려 복이 되는 결과를 가져올 수 있다는 뜻이에요.

비슷한 속담 화가 복이 된다

전화위복과 같은 뜻이에요.

만화로 배우는 사자성어

으아, 망했어. 오늘도 운동장에서 못 놀잖아.
너무 실망하지 마.
오늘 체육 시간에는 실내에서 공기놀이를 할 거예요.
내가 좋아 하는 공기놀이 꺄~~!
챱
?!
안~돼~~
공깃돌들아, 어디 갔니.
나에게로 돌아와 줘.
어디로 사라진 거야?
은비가 혼자서 이렇게 열심히 청소하다니,
칭찬 스티커를 줘야지.
칭찬
깨끗
칭찬
새옹지마라더니, 정말 앞일은 알 수 없구나.

이렇게 써요

13획 塞 塞 塞 塞 塞 塞 塞 塞 塞 塞 塞 塞 塞

변방 새	塞	塞	塞		

10획 翁 翁 翁 翁 翁 翁 翁 翁 翁 翁

늙은이 옹	翁	翁	翁		

4획 之 之 之 之

갈 지	之	之	之		

10획 馬 馬 馬 馬 馬 馬 馬 馬 馬 馬

말 마	馬	馬	馬		

새옹지마	塞	翁	之	馬

오늘의 짝꿍 활동

1 좋은 일이라고 생각했는데, 그 일이 안 좋게 바뀌었던 경험이 있나요? 그 반대로 나빴던 일이 좋은 일로 바뀐 경험이 있나요? 엄마, 아빠와 이야기 나누어 보세요.

2 같은 단어인데도 어느 때는 좋은 뜻으로 쓰이고, 어느 때는 나쁜 뜻으로 쓰일 때가 있어요. 예를 들면 '어리다'는 나이가 어리고 젊다는 의미도 있지만 경험이 적어서 수준이 낮다는 의미도 있어요. 또 어떤 것이 있을지 엄마, 아빠와 함께 찾아보세요.

3 새옹지마 이야기에는 말이 등장해요. '소 잃고 외양간 고친다'에는 소가 나오고요. 이처럼 동물이 나오는 사자성어나 속담을 각자 하나씩 찾아 이야기해 보세요.

서당 개 3년이면 풍월을 읊는다던데
넌 언제 말할 거야?

15

선견지명

先見之明

어떤 일이 일어나기 전에
미리 앞을 내다보고 아는 지혜라는 뜻이에요.

이렇게 만들어졌어요

중국 위나라에 양수라는 사람이 있었어요. 양수는 어려서부터 총명하고 지혜로워 일찍부터 관직에 올랐어요.

양수는 조조가 바쁠 때는 나랏일을 대신 살필 정도로 조조의 신뢰를 받았어요. 그러나 조조의 두 아들 중 누구를 후계자로 선택하는가 하는 문제에 얽혀 결국에는 조조에게 죽임을 당하고 말았어요.

그러던 어느 날 조조가 양수의 아버지인 양표를 만나게 됐어요. 양표는 그사이 몸이 많이 야위고 늙어 있었어요.

"왜 그리 야위었소?"

조조의 물음에 양표가 대답했어요.

"한무제 때의 김일제는 **행실**이 좋지 않은 아들이 나중에 큰 걱정거리가 될까 봐 직접 두 아들을 죽였습니다. 저는 그렇게 앞을 미리 내다보는 지혜가 없고, 오직 늙은 소가 송아지를 핥는 것 같은 부모의 사랑만 있습니다."

양표가 아들 양수가 조조에게 죽임을 당할 것을 미리 내다보지 못하고, 말리지 못한 것을 후회하며 한 말이었어요.

행실은 실제로 드러나는
행동을 말해요.

함께 알면 좋아요

비슷한 성어 명견만리(明見萬里)

만 리 밖의 일을 환하게 살펴서 알고 있다는 뜻이에요.

반대되는 속담 떡 줄 사람은 꿈도 안 꾸는데 김칫국부터 마신다

지레짐작으로 벌써 일이 다 된 것처럼 행동하는 어리석은 모습을 뜻해요.

나나의 생일에 초대합니다
얘들아,
내 생일 파티에 꼭 와 줘.
그래
응!!
은비야, 내일 나나 생일이지? 선물은 준비했어?
나나한테 꼭 필요한 선물이 생각났어.
생일 축하해, 나나야.
고마워.
축하해.
나나야, 이건 선물이야. 어서 풀어 봐.
와!
엥?
이게 뭐야??
오늘 받은 선물들을 가져가려면
이게 꼭 필요할 거야.
선견지명이 있는 사람은 나뿐이네.

이렇게 써요

6획 先

먼저 선	先	先	先		

7획 見

볼 견	見	見	見		

4획 之

갈 지	之	之	之		

8획 明

밝을 명	明	明	明		

선견지명	先	見	之	明

오늘의 짝꿍 활동

1 앞일을 예상했는데 딱 들어맞은 경우가 있었나요? 어떤 일이었는지 엄마, 아빠에게 들려주세요.

2 소원을 들어주는 요정이 나타나 미래의 일 한 가지를 알려 주겠다고 한다면 어떤 것을 물어보고 싶나요? 엄마, 아빠와 함께 이야기해 보세요.

3 나의 선견지명 카드를 만들어 보세요. 5년 후, 10년 후의 내가 어떤 모습일지 상상해 보고 카드의 앞면에는 나의 모습을, 뒷면에는 짧게 설명을 써 보세요. 엄마, 아빠와 함께 타임캡슐을 만들어 보관해 보세요.

10년 후의 나는
어떤 모습일까?

16

소탐대실

小貪大失

작은 것을 탐내다 큰 것을 잃는다는 뜻이에요.

이렇게 만들어졌어요

중국 진나라의 혜왕은 촉나라를 공격하려 했어요. 그런데 촉나라로 가는 길이 너무 좁고 험하여 공격을 포기할 상황에 놓였어요. 그러자 한 신하가 말했어요.

"촉나라의 왕은 욕심이 많다고 소문이 자자합니다. 그것을 이용하면 길을 알 수 있을 것입니다."

혜왕은 신하가 말한 것을 그대로 따르기로 했어요. 먼저 돌로 소 다섯 마리를 만들게 하고 화려한 비단으로 장식을 했어요. 그런 다음 돌로 만든 소가 지나간 자리 군데군데에 황금을 두었어요.

곧 '황금 똥을 누는 돌 소가 있다'는 소문이 퍼지게 됐어요. 혜왕이 이 황금 똥을 누는 돌 소를 촉나라 왕에게 보내겠다고 전했어요. 그러자 촉나라 왕은 백성들을 강제로 모아 넓은 길을 만들고, 냉큼 신하들을 보내어 소를 받아 오게 했어요.

촉나라의 신하들이 돌 소를 끌고 가자, 진나라의 병사들은 귀한 돌 소를 호위하겠다는 핑계로 촉나라 성까지 따라갔어요. 촉나라에 도착한 진나라 병사들은 곧바로 촉나라를 공격하였고, 촉나라는 멸망하게 되었어요.

촉나라의 왕은 황금이라는 작은 것에 욕심을 내다가 크나큰 나라를 잃고 말았어요.

호위는 따라다니며 곁에서
보호하고 지킨다는 말이에요.

함께 알면 좋아요

비슷한 성어 교각살우(矯角殺牛)

소의 뿔을 바로잡으려다 소를 죽인다는 뜻으로, 잘못된 점을 고치려다 정도가 지나쳐 일을 그르치는 것을 말해요.

비슷한 속담 혹 떼러 갔다가 혹 붙여 온다

이익을 얻거나 도움을 받으러 갔다가 도리어 손해를 보거나 나쁜 일을 당하고 온다는 뜻이에요.

드디어 축구 시합! 그동안 갈고닦은 실력을 보여 주지.
어이쿠!!
앗!!
꼬미야, 여기!
혼자 공격하지 말고 패스 좀 해!
나만 믿어. 꼭 골 넣을게.
골!
드디어… 넣었다….
5 1
헉헉.
쯧, 골 하나 넣으려다 친구를 몽땅 잃었어.
소탐대실이 따로 없네.

이렇게 써요

3획 小 小 小

작을 소	小	小	小		

11획 貪 貪 貪 貪 貪 貪 貪 貪 貪 貪 貪

탐할 탐	貪	貪	貪		

3획 大 大 大

큰 대	大	大	大		

5획 失 失 失 失 失

잃을 실	失	失	失		

소탐대실	小	貪	大	失

오늘의 짝꿍 활동

1 소탐대실에서 말하는 작은 것과 큰 것은 단순히 물건의 크기만을 말하는 게 아니에요. 여러 가지 기준으로 집 안의 물건이나 사람을 비교해 보세요. 기준은 사람의 나이나 키가 될 수도 있고, 물건의 값어치나 부피가 될 수도 있어요.

2 이솝 우화 <황금 알을 낳는 거위>를 읽고 엄마, 아빠에게 줄거리를 들려주세요.

3 작은 것에 눈독을 들이다가 큰 것을 놓친 적이 있는지 엄마, 아빠와 이야기를 나눠 보세요.

억울하다,
소탐대실!

17

어부지리

漁夫之利

어부의 이익이란 뜻으로,
두 사람이 싸우는 사이에 엉뚱한 사람이
이득을 본다는 말이에요.

이렇게 만들어졌어요

연나라에 가뭄이 들자 조나라가 연나라를 침략하려 했어요. 그런데 연나라는 많은 군사들을 제나라에 보낸 터라 조나라가 쳐들어오면 꼼짝없이 당할 상황이었어요. 연나라 왕은 조나라의 왕을 설득하려고 소대라는 사람을 **사신**으로 보냈어요.

소대는 조나라의 혜문왕을 찾아가 이렇게 말했어요.

"제가 조나라로 오는 도중에 강을 건너게 되었습니다. 마침 조개가 강가에 나와 입을 벌리고 햇볕을 쬐고 있더군요. 그런데 갑자기 황새 한 마리가 조갯살을 먹으려고 조개에 부리를 밀어 넣었습니다. 조개는 깜짝 놀라 입을 꽉 다물었지요. 조개에 부리가 꽉 낀 황새는 이렇게 생각했을 겁니다.

'오늘내일 비가 오지 않으면 조개가 바짝 말라 죽겠지?'

반대로 조개는 이렇게 생각했을 겁니다.

'오늘내일 내가 입만 안 벌리면 황새가 죽겠지?'

조개와 황새는 서로 입을 꽉 다문 채 버티고 있었지요. 그런데 지나가던 어부가 이 모습을 보고 황새와 조개를 한꺼번에 잡아 버렸습니다. 지금 전하께서는 연나라를 공격하려 하십니다. 조나라와 연나라가 싸우다 지치면 결국 강한 진나라가 두 나라를 다 얻게 될 것입니다."

조나라 혜문왕은 고개를 끄덕였어요. 그리고 연나라를 공격하려던 계획을 멈추었어요.

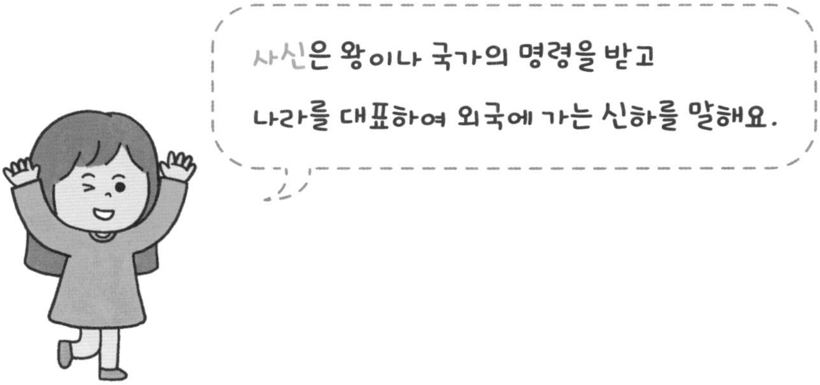
사신은 왕이나 국가의 명령을 받고
나라를 대표하여 외국에 가는 신하를 말해요.

함께 알면 좋아요

비슷한 성어 견토지쟁(犬兎之爭)

개와 토끼가 싸우다 지쳐 쓰러지자 농부가 둘 다 잡아갔다는 뜻이에요.

비슷한 속담 죽 쑤어 개 준다

열심히 한 일을 남에게 빼앗기거나, 엉뚱한 사람에게 이익을 주는 결과가 되었다는 뜻이에요.

난 백만 장자가 될 거야!
훗, 무슨 소리? 백만장자는 나야 나.
어휴, 너희는 어떻게 만나기만 하면 싸우냐?
내가 좋아하는 떡볶이!
신난다!
얘들아, 간식 먹어.
오호!
!?
아~암
앙~
악!?
아, 매워.
뭐? 이게 맵다고? 너 맵찔이구나?
아니야. 사실 하나도 안 매워. 너야말로 맵찔이지?
어부지리로 내가 실컷 먹네.

이렇게 써요

14획 漁漁漁漁漁漁漁漁漁漁漁漁漁漁

고기잡을 어	漁	漁	漁		

4획 夫夫夫夫

사내 부	夫	夫	夫		

4획 之之之之

갈 지	之	之	之		

7획 利利利利利利利

이로울 리	利	利	利		

어부지리	漁	夫	之	利

오늘의 짝꿍 활동

1 둘이 싸우는 바람에 엉뚱한 사람이 이익을 보거나 자신이 손해를 본 적이 있었나요? 있다면 언제인지 엄마, 아빠와 이야기해 보세요.

2 친구와 싸우고 나서 화해하는 방법에는 어떤 것이 있을지 부모님과 이야기 나눠 보세요.

3 자신이 '어부지리' 이야기 속 황새나 조개라면 어떻게 했을지 상상하여 그림을 그려 보세요.

18

역지사지

易地思之

처지를 바꾸어 생각해 본다는 뜻이에요.

이렇게 만들어졌어요

중국 하나라를 세운 우임금은 홍수와 가뭄을 잘 대비하여 백성이 편안하게 살도록 해 주었어요. 또 후직은 나중에 사람들이 농사의 신으로 모실 만큼 농업에 힘을 써서 백성의 배고픔을 해결해 주었어요.

한편 공자의 제자 안회라는 사람은 매일 밥 한 그릇과 물 한 그릇만 마시는 가난한 생활을 실천했어요. 안회는 이렇게 가난하게 살면서도 가난을 편안하게 여기고 도를 즐기는 태도를 지켰어요.

훗날 맹자는 이들을 비교하며 이렇게 말했어요.

"우임금과 후직, 안회는 모두 같은 뜻을 지닌 사람들이다. 그들은 서로 처지가 바뀌었더라도 같게 행동했을 것이다."

즉 우임금과 후직이 어지러운 시대에 태어났다면 안회처럼 가난을 편안하게 여기며 도를 즐기는 삶을 살았을 것이고, 안회가 **태평성대**에 살았다면 백성과 나라를 위해 힘썼을 것이라는 뜻이에요.

여기서 뜻이 더욱 변하여, 다른 사람과 나의 입장을 바꾸어 생각하고 이해한다는 말로 쓰이게 되었어요.

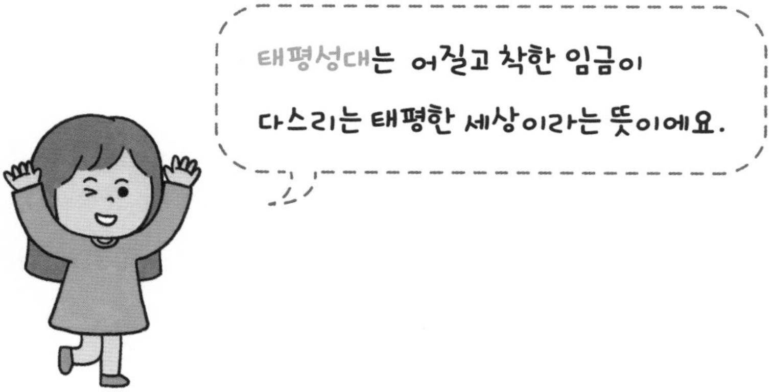
태평성대는 어질고 착한 임금이
다스리는 태평한 세상이라는 뜻이에요.

함께 알면 좋아요

반대되는 성어 아전인수(我田引水)

자기 논에만 물을 끌어 들인다는 뜻으로, 남은 생각하지 않고 자기의 이익만 생각하고 행동하는 것을 말해요.

반대되는 속담 제 논에 물 대기

아전인수와 같은 뜻이에요.

은비야, 게임 그만 하고 공부 좀 해.
너 이번에도 한자 시험 떨어졌잖아. 얘가 진짜 누굴 닮아서 이럴까?
치...
다음 날
이게 뭐지?
엄마 가방
ㅋㅋㅋ
엄마, TV 그만 보고 공부 좀 해.
갑자기 그게 무슨 말이야?
휴=333
엄마, 운전면허 시험 또 떨어졌잖아.
탈락
그, 그게….
역지사지! 이제 엄마도 속상한 내 마음을 알겠지?
흐흐흐...

이렇게 써요

8획 易

바꿀 역	易	易	易		

6획 地

땅 지	地	地	地		

9획 思

생각 사	思	思	思		

4획 之

갈 지	之	之	之		

역지사지	易	地	思	之

오늘의 짝꿍 활동

1 앤서니 브라운의 그림책《아기가 된 아빠》에서 존의 아빠는 음료를 마시고 다음 날 아기가 되어요. 어느 날 우리 엄마나 아빠가 아기가 된다면 나는 어떻게 할지 이야기해 보세요.

2 나는 언제 어른이 되고 싶다고 생각하는지, 반대로 엄마, 아빠는 언제 어린아이로 되돌아가고 싶은지를 함께 이야기해 보세요.

3 역지사지 역할놀이를 해 보아요. 속상하거나 억울했던 날, 화가 나거나 즐거웠던 날 등을 꼽아 보고 엄마, 아빠와 나의 역할을 바꾸어 역할극을 해 보세요. 끝난 후에는 상대방의 마음이 어떠했을지 이야기 나누어 보세요.

나도 어서
어른이 되고 싶어!

19

외유내강

外柔內剛

겉은 부드럽고 순하게 보이지만
속은 곧고 강하다는 뜻이에요.

이렇게 만들어졌어요

당나라에 노탄이라는 사람이 있었어요. 노탄이 관직에 올랐을 때 황제가 요남중이라는 사람을 **절도사**로 임명했어요. 그런데 군대 감독관이었던 설영진이 요남중을 반대하며 말했어요.

“요남중은 행동이 말랑말랑하고 겁이 많은 서생입니다. 절도사에 어울리지 않습니다.”

그러자 노탄은 설영진의 말을 비판했어요.

“요남중은 겉은 부드러워 보이나 속은 강한 외유내강의 사람입니다. 요남중을 절도사로 임명해 주십시오.”

이처럼 외유내강은 겉은 부드럽고 약해 보이지만, 내면은 단단하고 굳세어 강한 의지와 마음을 갖고 있다는 뜻이에요.

함께 알면 좋아요

비슷한 성어 문무겸비(文武兼備)

글도 뛰어나고 무예도 뛰어난 사람을 가리키는 말이에요.

반대되는 성어 외강내유(外剛內柔)

겉으로는 강하게 보이나 속은 부드럽다는 뜻이에요.

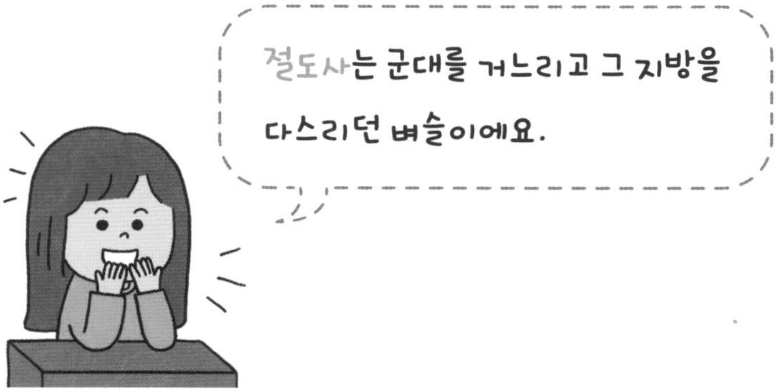
절도사는 군대를 거느리고 그 지방을
다스리던 벼슬이에요.

만화로 배우는 사자성어

코코, 조심해!
아야, 괜찮아.
이거 정말 예쁘다. 코코야, 이 인형 나 주면 안 돼?
그래. 마음에 들면 너 가져.
코코는 맘이 약해서 매번 손해 본다니까.
하굣길
너희들 뭐 하는 거야! 당장 그만둬!
어쭈, 넌 뭐야?
어휴, 누가 오기 전에 도망가자!
빡!!!
코코는 외유내강이었어. 멋져!

이렇게 써요

5획 外

바깥 외	外	外	外		

9획 柔

부드러울 유	柔	柔	柔		

4획 內

안 내	內	內	內		

10획 剛

굳셀 강	剛	剛	剛		

외유내강	外	柔	內	剛

오늘의 짝꿍 활동

1 겉은 부드럽지만, 속은 단단한 것에는 무엇이 있을까요? 엄마, 아빠와 함께 찾아보세요.

2 만약 성격을 다음 네 가지 유형으로 나눈다면 나는 어떤 유형에 속할까요? 그렇게 생각하는 까닭을 이야기해 보세요.

외유내강형 : 겉은 부드럽고 속은 강한 타입
외유내유형 : 겉과 속이 모두 부드러운 타입
외강내유형 : 겉은 강하고 속은 부드러운 타입
외강내강형 : 겉과 속이 모두 강한 타입

3 바깥 외(外) 혹은 안 내(內)가 들어가는 단어를 엄마, 아빠와 함께 찾아보세요.

나는 어떤
유형일까?

20

우공이산

愚公移山

**우공이 산을 옮긴다는 말로,
아무리 어려운 일이라도 끝까지 노력하면
마침내 이룰 수 있다는 뜻이에요.**

이렇게 만들어졌어요

옛날 중국 북산에 우공이라는 아흔 살 노인이 살고 있었어요. 우공이 사는 마을은 앞뒤로 어마어마하게 높고 큰 산이 있었어요. 그 때문에 어디를 가려면 산을 빙 둘러 먼 길을 돌아가야만 했어요. 어느 날 우공이 가족들에게 말했어요.

"우리가 저 산을 옮겨 길을 만든다면 지금처럼 먼 길을 돌아다니지 않아도 될 것이다. 함께 힘을 합쳐 해 보지 않겠느냐?"

가족들은 우공의 생각에 찬성했어요. 다음 날부터 우공과 그의 아들, 손자들은 작업을 시작했어요. 돌을 쪼개고 흙을 파서 버리고 오는 고단한 일이었지요. 파낸 흙을 멀리 내다 버리고 오는 데에만 꼬박 1년이 걸렸어요. 이를 보고 마을 사람들은 우공을 손가락질하며 비웃었지요.

"어느 세월에 산을 옮긴단 말인가. 어리석기도 하지, 쯧쯧."

그러자 우공이 대답했어요.

"내가 살아 있는 동안 옮기지 못하면 어떠한가? 내가 죽으면 아들이 옮길 것이고, 또 손자가 옮길 것이고, 또 그 자손들이 옮긴다면 언젠가는 산을 옮기지 않겠소?"

그 이야기를 들은 산신령이 깜짝 놀라 하늘의 옥황상제에게 달려갔어요. 자신이 지키는 산이 없어질 것 같으니 우공을 막아 달라고 옥황상제에게 도움을 청하러 간 거예요. 옥황상제는 그 이야기를 듣더니 오히려 우공의 정성과 노력에 감동하여 두 산을 번쩍 들어 옮겨 주었어요.

함께 알면 좋아요

비슷한 속담 하늘은 스스로 돕는 자를 돕는다

어떤 일을 이루기 위해서는 자신의 노력이 중요하다는 뜻이에요. 스스로 돕는다는 말은 노력한다는 의미예요.

비슷한 속담 지성이면 감천이다

정성을 다하여 노력하면 하늘도 감동하여 도와준다는 뜻이에요.

나나야, 뭐 해?
사자성어 공부해.
愚公移山
그 많은 한자를 다 외우려고?
우공이산이라는 말도 있잖아. 아무리 어려워도 매일 공부하면 언젠가 다 외울 수 있어.
오~
얼마 뒤
여러분도 나나처럼 노력하면 반드시 목표를 이룰 수 있을 거예요.
상장
축하해!!
옥상
그럼 나도 꾸준히 노력해 볼까?
끙
끙
여름
겨울
언젠가는 꼭 UFO를 발견하고 말 테야.

이렇게 써요

13획 愚 愚 愚 愚 愚 愚 愚 愚 愚 愚 愚 愚 愚

어리석을 우	愚	愚	愚		

4획 公 公 公 公

공평할 공	公	公	公		

11획 移 移 移 移 移 移 移 移 移 移 移

옮길 이	移	移	移		

3획 山 山 山

산 산	山	山	山		

우공이산	愚	公	移	山

오늘의 짝꿍 활동

1 엄마, 아빠와 함께 놀이터에서 모래로 산을 쌓아 보세요. 쌓을 수 있는 한 높이 쌓은 후, 숟가락으로 한 숟가락씩 떠서 옆으로 옮겨 보세요.

2 집에서 가장 오래된 물건을 찾아보세요. 엄마, 아빠에게 그 물건의 처음은 어떠했는지 물어보고, 그 후에 어떤 변화가 생겼는지 같이 이야기해 보세요.

3 아주 작은 일이지만, 계속했더니 결국 변화가 생긴 일이 있는지 생각하는 시간을 가져 보세요.

물만 줬을 뿐인데
무럭무럭 자랐어!

21

우이독경

牛耳讀經

쇠귀에 경 읽기라는 뜻으로, 아무리 가르치고 말해 줘도
알아듣지 못하는 것을 가리키는 말이에요.

이렇게 만들어졌어요

우이독경은 다산 정약용이 세상에 떠도는 속담을 수집하여 펴낸 책《이담속찬》에 나오는 말이에요.

소의 귀에 대고《논어》,《맹자》 같은 훌륭한 책을 아무리 읽어 줘도, 소는 알아듣지 못해요. 이처럼 좋은 말이나 가르침을 주어도 아예 관심이 없어 듣지 않거나 알아듣지 못하는 것을 우이독경이라고 해요.

함께 알면 좋아요

비슷한 속담 쇠귀에 경 읽기

소의 귀에 대고 좋은 책을 읽어 줘 봐야 알아듣지 못한다는 뜻이에요.

비슷한 성어 마이동풍(馬耳東風)

말의 귀로 봄바람이 스쳐 지나간다는 뜻으로, 남의 말을 귀담아듣지 않는 것을 말해요.

만화로 배우는 사자성어

댕댕아, 인형 가져와~!
이건 공이잖아. 댕댕아, 인형 가져와~!
인형
어떻게 해야 말귀를 알아들을까?
책을 읽어 주면 될까?
댕댕아, 내 말 듣고 있니?
그래 봤자 우이독경 이야.
그만하고 얼른 와서 밥 먹어.

밥!!

이렇게 써요

4획 牛 牛 牛 牛

소 우	牛	牛	牛		

6획 耳 耳 耳 耳 耳 耳

귀 이	耳	耳	耳		

22획 讀

읽을 독	讀	讀	讀		

13획 經 經 經 經 經 經 經 經 經 經 經 經 經

경전 경	經	經	經		

우이독경	牛	耳	讀	經

오늘의 짝꿍 활동

1 가족들과 팀을 나누어 우이독경 놀이를 해 보세요. 한 사람은 이어폰을 끼고 큰 소리로 신나는 음악을 들어요. 정해진 시간 안에 다른 한 사람이 상대 팀이 써 준 단어나 속담 등을 말하면 이어폰을 낀 사람이 단어를 맞히는 게임이에요. 몸을 쓰지 말고, 오로지 입 모양을 보고 맞혀 보세요.

2 집에서 고구마나 양파를 물이 담긴 컵에 넣고 키워 보세요. 한쪽에는 "사랑해, 귀여워" 등의 좋은 말을 들려주고, 한쪽에는 "미워, 싫어" 같은 나쁜 말을 해 보세요. 이렇게 일주일 동안 반복하세요. 일주일 후에 어떤 변화가 생겼는지 관찰 일기를 써 보세요.

3 엄마, 아빠가 나에게 가장 많이 하는 말은 무엇인가요? 나는 엄마, 아빠에게 어떤 말을 가장 많이 하나요? 두 가지 경우를 생각해 보고 각각 종이에 적은 후에 엄마, 아빠와 함께 읽고 이야기를 나눠 보세요.

22

유비무환

有備無患

미리 준비하면 걱정할 것이 없다는 뜻이에요.

이렇게 만들어졌어요

중국의 춘추 전국 시대 진나라에 도공이라는 왕이 있었어요. 도공에게는 사마 위강이라는 뛰어난 신하가 있었는데 위강은 법을 엄격하게 지키는 사람이었어요.

진나라를 비롯한 주변의 나라들은 항상 전쟁의 위험에 시달리고 있었어요. 그때마다 위강은 도공에게 주변 나라와 전쟁을 하지 말고 여러 나라가 친하게 지내도록 설득하라고 했어요.

도공은 위강의 조언을 따랐고 그 덕분에 전쟁을 피한 다른 나라들로부터 많은 보물을 받게 되었어요. 도공이 위강에게 이 보물의 반을 주려고 하자, 위강은 사양하면서 이렇게 말했어요.

"저는 폐하께서 편안함을 누릴 때 앞으로 일어날 일들을 생각하시길 바랄 뿐입니다. 《서경》에 이르기를 '평안할 때 위태로움을 생각하라. 위기를 생각하면 그에 맞춰 항상 준비해야 할 것이고, 준비가 되어 있으면 걱정거리가 사라질 것이다.'라고 했습니다."

위강의 말을 듣고 도공은 다른 나라로부터 받은 보물을 모두 돌려주었다고 해요.

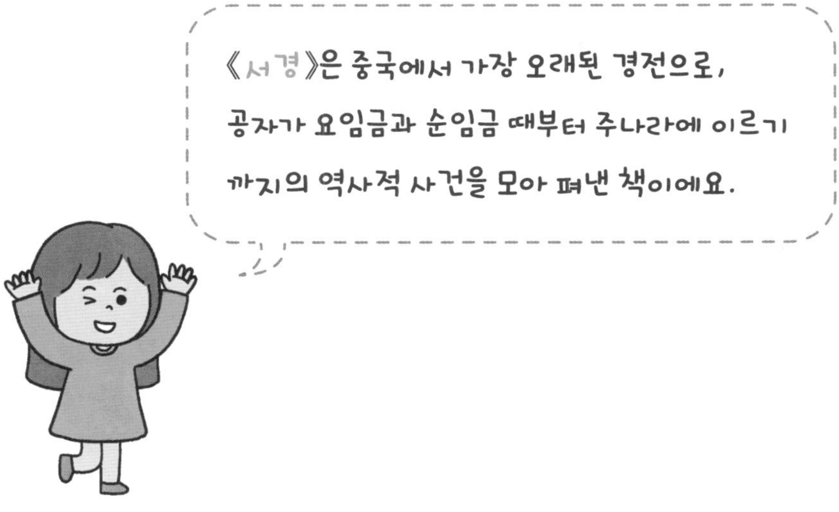
《서경》은 중국에서 가장 오래된 경전으로,
공자가 요임금과 순임금 때부터 주나라에 이르기
까지의 역사적 사건을 모아 펴낸 책이에요.

함께 알면 좋아요

반대되는 속담 소 잃고 외양간 고친다

일이 잘못된 뒤에는 손을 써도 소용이 없다는 뜻이에요.

앗,
실내화 안
가져왔다.
또?
"숙제검사"
은비야, 벌써
몇 번째니?
선생님,
숙제 공책을 집에
두고 왔어요.
과학시간
나는 비닐장갑이랑
유성 펜 가져왔어.
은비야, 페트병
가져왔지?
???
그.. 그게
은비야, 준비물을
메모지에 적어서
잘 보이는 곳에
붙여 봐.
메모지를 볼 때마다
준비할 수 있으니까
유비무환이지.
미안...
그거 좋은 생각인걸!?
다음 날
히-잉
은비
은비야,
학교 늦겠다.
안 나오고 뭐 해?
엄마, 메모지가
너무 많아.
뭐부터 해야 할지
모르겠어.
흐엉~~

이렇게 써요

6획 有 有 有 有 有 有

있을 유	有	有	有		

12획 備 備 備 備 備 備 備 備 備 備 備 備

갖출 비	備	備	備		

12획 無 無 無 無 無 無 無 無 無 無 無 無

없을 무	無	無	無		

11획 患 患 患 患 患 患 患 患 患 患 患

걱정 환	患	患	患		

유비무환	有	備	無	患

오늘의 짝꿍 활동

1 내가 태어나기 전에 엄마, 아빠는 어떤 준비를 했을까요? 내가 태어났을 때의 사진을 찾아보면서 부모님과 함께 이야기해 보세요.

2 준비물을 깜빡 잊어서 당황한 일이 있나요? 또 준비를 잘한 덕분에 걱정 없이 일을 잘 마친 일이 있나요? 두 가지 경우를 생각해 보고 엄마, 아빠에게 이야기해 보세요.

3 오늘 해야 할 일 또는 이번 주에 해야 할 일을 적는 나만의 체크리스트를 만들어 보세요. 엄마, 아빠에게 체크리스트 만드는 법을 물어보고 스케치북이나 다이어리 등을 이용해서 만들어요. 알록달록한 색깔 펜이나 스티커로 꾸미면 더욱 재미있을 거예요.

23

이심전심

以心傳心

마음에서 마음으로 전한다는 뜻으로,
말이 없어도 서로 통한다는 말이에요.

이렇게 만들어졌어요

어느 날 부처님이 영취산에 제자들을 모이게 했어요. 부처님이 말없이 연꽃 한 송이를 손끝으로 들어 살짝 비틀어 보였어요. 제자들은 부처님이 왜 그런 행동을 하는지 몰라 가만히 있을 뿐이었어요. 오직 가섭이라는 제자만이 부처님의 뜻을 알아채고 빙그레 웃었어요. 가섭과 눈이 마주친 부처님이 가섭에게 말했어요.

"나에게는 마음의 덕, 번뇌를 벗어나 진리에 도달한 마음, 변하지 않는 진리, 진리를 깨닫는 마음, 말에 의하지 않고 마음에서 마음으로 통하는 진리가 있다. 이것을 가섭에게 전해 주마."

이때부터 말을 하지 않아도 마음에서 마음으로 서로 통하는 것을 이심전심이라고 하게 되었어요.

함께 알면 좋아요

비슷한 성어 지음(知音)

거문고 소리만 들어도 마음이 통하는 사이란 뜻으로, 말하지 않아도 속마음을 알아주는 친구 사이를 말해요.

번뇌는 마음의 괴로움을 뜻한답니다.

엄마 어디 가세요?
응. 친구들 모임에 간대.
여보, 꼬미 숙제 좀 봐줘요. 군것질 못 하게 하고, 저녁밥 잘 챙겨 주고요.
나만 믿어요!
ㅎㅎㅎ
ㅎㅎ
쾅!
잠시 후...
와~
ㅋㅋㅋ
아빠, 저녁은 말 안 해도 알죠?
그럼~!
이심전심

고양이한테 생선을 맡겼어!

이렇게 써요

5획 以

써 이	以	以	以		

4획 心

마음 심	心	心	心		

13획 傳

전할 전	傳	傳	傳		

4획 心

마음 심	心	心	心		

이심전심	以	心	傳	心

오늘의 짝꿍 활동

1 가족과 함께 이심전심 놀이를 해 보세요. 각자 종이에 제시어를 두 개씩 씁니다. 한 사람이 제시어를 말하면 나머지 두 사람은 3초 안에 하나를 골라 말합니다. 나와 가장 마음이 맞는 사람은 누구인지 알아보세요.

예) 예쁘고 맛없는 사과 vs 못생기고 맛있는 사과
나 홀로 최신 워터 파크 vs 가족과 동네 수영장

2 엄마, 아빠와 함께 텔레파시 놀이를 해 보세요. 주제어를 하나 정한 후, 주제에 맞는 단어를 각자 속으로 생각합니다. 한 사람이 10초 동안 텔레파시를 보내면 상대방은 그 단어를 종이에 적습니다. 10초 후 텔레파시가 통했는지 서로 확인해 보세요.

예) 주제어: 과일
단어: 사과, 배, 복숭아, 딸기, 포도 등

3 엄마, 아빠와 함께 각자 지금의 기분을 그림으로 그려 보세요. 그림을 다 그리고 나면 서로의 그림을 보며 상대방이 어떤 기분인지 맞혀 보고 이야기해 보세요.

24

일거양득

一擧兩得

한꺼번에 두 가지 이익을 얻는다는 뜻이에요.

이렇게 만들어졌어요

중국의 노나라에 힘이 세고 용감한 변장자라는 청년이 있었어요. 어느 날 변장자는 호랑이 두 마리가 나타났다는 소식을 듣고 호랑이를 잡으러 산으로 올라갔어요.

산속으로 들어가니 호랑이 두 마리가 소 한 마리를 놓고 싸우고 있었어요. 이 광경을 본 변장자는 호랑이를 죽이려고 칼을 뽑았어요. 그러자 여관집 심부름하는 아이가 변장자를 말리며 이렇게 말했어요.

"호랑이 두 마리가 서로 소를 잡아먹으려고 끝까지 싸울 것입니다. 그렇게 계속 싸우다 보면 힘이 약한 놈은 죽게 될 것이고, 강한 놈도 다치고 힘이 빠질 것입니다. 그때 힘이 빠진 놈을 찔러 죽이면 한꺼번에 호랑이 두 마리를 잡게 되는 것이지요."

"그것 참 좋은 생각이구나!"

변장자는 아이의 말대로 두 호랑이의 싸움을 지켜보며 기다렸어요.

얼마 뒤 호랑이 한 마리가 죽고, 다른 한 마리는 지쳐서 비틀거렸어요. 결국 변장자는 힘들이지 않고 한꺼번에 호랑이 두 마리를 잡을 수 있었어요. 이렇듯 한 가지 일을 하고 두 가지 이익을 동시에 얻는 것을 일거양득이라고 해요.

광경은 벌어진 일의 상태나
결과 등을 말해요.

함께 알면 좋아요

비슷한 성어 일석이조(一石二鳥)

한 개의 돌로 두 마리의 새를 맞추어 떨어뜨린다는 뜻이에요.

비슷한 속담 꿩 먹고 알 먹는다

꿩고기를 먹다가 그 안에 있는 알도 한꺼번에 먹는다는 말로, 한 가지 일로 두 가지 이익을 본다는 뜻이에요.

만화로 배우는 사자성어

주말에 우리 아파트에 알뜰 시장이 선대.
알뜰 시장?
나한테는 더 이상 쓸모없지만 버리기 아까운 물건들을 저렴한 가격에 사고파는 시장이야.
1000
500
재미 있겠다!
너도 작아진 옷이나 안 쓰는 장난감 있으면 이번 기회에 알뜰 시장에 팔아. 방도 정리하고 용돈도 벌 수 있으니 일거양득이지.
좋았어!
알뜰 시장 당일
식물 있어요
골라요.
은비는 어디서 뭘 팔고 있지?
자, 마음껏 골라 보세요.
하나도 안 푼 새 책이에요.
시험 공부
수학
국어
영어
문제 풀이
저 살게요.
저도 주세요.
얼마예요?
이게 바로 일거양득!

어머, 은비야!
내가 못 살아!

이렇게 써요

1획 一

하나 일	一	一	一		

18획 擧 擧 擧 擧 擧 擧 擧 擧 擧 擧 擧 擧 擧 擧 擧 擧 擧 擧

들 거	擧	擧	擧		

8획 兩 兩 兩 兩 兩 兩 兩 兩

두 양	兩	兩	兩		

11획 得 得 得 得 得 得 得 得 得 得 得

얻을 득	得	得	得		

일거양득	一	擧	兩	得

오늘의 짝꿍 활동

1 수납이 되는 의자, 지우개가 달린 연필, 다양한 모양으로 자를 수 있는 칼 등 집에서 일거양득이 되는 물건을 찾아보세요. 엄마, 아빠와 함께 누가 먼저 찾는지 겨루어 보아도 좋아요.

2 빈 과자 봉지를 깨끗이 씻어 접은 후 가방으로 다시 만들어 판매하는 곳이 있어요. 이처럼 버릴 뻔한 물건을 재활용하여 쓰레기도 줄이고 경제적 효과도 거두는 것을 업사이클링이라고 해요. 또 다른 업사이클링 제품에는 무엇이 있는지 부모님과 함께 찾아봅시다.

3 한 가지 일이 여러 사람에게 만족을 주었던 경험이 있나요? 어떤 일이었는지 엄마, 아빠와 이야기해 보세요.

《짝꿍 사자성어》로 공부했더니,
한자 실력이 쑥 자라고,
가족끼리 정답게 대화도 하고 일거양득이네!

25

작심삼일

作心三日

**마음먹은 것이 사흘을 가지 못한다는 뜻으로,
결심이 단단하지 못한 것을 이르는 말이에요.**

이렇게 만들어졌어요

새해가 오면 많은 사람들이 새로운 결심이나 목표를 세워요. 처음에는 결심한 것을 실천하려 노력을 기울이지만 하루 이틀이 지나면서 금방 흐지부지되는 경우가 많아요. 이렇듯 결심한 것이 사흘을 가지 못하고 금방 포기해 버리는 데서 작심삼일이라는 말이 나왔어요.

함께 알면 좋아요

반대되는 성어 칠전팔기(七顚八起)

일곱 번 넘어지고 여덟 번 일어난다는 뜻으로, 포기하지 않고 꾸준히 노력한다는 것을 의미해요.

당장
다이어트 해야겠어!
다음 날
은비야, 매일 일기 쓰기로 했잖아. 작심삼일로 끝나면 안 되지. 열심히 다이어트하는 엄마를 좀 본받아 봐.
흥~
일기장
엄마, 치킨 안 먹어?
치킨은 다이어트의 적! 절대로 안 먹을 거야.
한밤중
무슨 소리지?
부스럭 부스럭
누구야, 설마 도, 도, 도둑?
부스럭 부스럭
하하, 너무 배가 고파서 그만….
엄마…
나한테 뭐라고 하더니
엄마도 작심삼일 이었어.

이렇게 써요

7획 作 作 作 作 作 作 作

지을 작	作	作	作		

4획 心 心 心 心

마음 심	心	心	心		

3획 三 三 三

셋 삼	三	三	三		

4획 日 日 日 日

날 일	日	日	日		

작심삼일	作	心	三	日

오늘의 짝꿍 활동

1 작심삼일 했던 경험이 있나요? 무엇 때문에 결심을 지키지 못했나요?

2 꾸준히 지킨 결심이나 계획이 있다면 엄마, 아빠에게 자랑해 보세요.

3 이루고 싶은 목표를 정하고 그것을 실천할 수 있는 계획표를 만들어 보아요. 실천하기 어려운 애매한 계획보다는 작고 구체적인 계획을 세우는 게 좋아요. 스티커판, 플래너 등을 이용해도 좋아요. 엄마, 아빠랑 함께하면 더 재미있을 거예요.

26

조삼모사

朝三暮四

아침에는 세 개, 저녁에는 네 개를 준다는 뜻으로, 교활한 꾀로 남을 속이는 것을 말해요.

이렇게 만들어졌어요

중국 송나라에 원숭이를 기르는 저공이라는 사람이 있었어요. 저공은 원숭이를 좋아하여 여러 마리의 원숭이를 길렀어요. 그런데 기르는 원숭이의 수가 점점 많아지자, 저공은 원숭이 먹이를 마련하는 일이 걱정되었어요. 집안 식구들도 식사량을 줄여 보았지만 그걸로는 **역부족**이었어요. 하는 수 없이 저공이 원숭이들에게 말했어요.

"앞으로는 너희들에게 아침밥으로 도토리 3개를, 저녁으로 도토리 4개를 주려고 한다."

그러자 원숭이들이 배가 고파 그럴 순 없다고 팔짝팔짝 뛰었어요. 저공이 다시 말했어요.

"알겠다. 그러면 아침에 4개, 저녁에 3개씩 주면 되겠느냐?"

그제야 원숭이들은 기뻐하며 손뼉을 쳤어요.

이렇게 조삼모사란 저공의 입장에서는 나쁜 꾀로 남을 속이는 것을 말하고,

원숭이의 입장에서는 당장 눈앞에 보이는 이득에 속는 어리석음을 뜻하는 말이에요.

역부족은 힘이나 기량 등이
모자라다는 뜻이에요.

함께 알면 좋아요

비슷한 속담 눈 가리고 아웅(저공의 입장)

얕은수를 써서 남을 속이려고 한다는 뜻이에요.

비슷한 속담 제 꾀에 제가 넘어가다(원숭이의 입장)

꾀를 내어 남을 속이려다 도리어 자기가 그 꾀에 넘어간다는 뜻이에요.

만화로 배우는 사자성어

조삼모사 ❶

마지막 빅 세일
나나야, 오늘이 마지막이래. 얼른 들어가 보자.
응.
폐업정리
마지막 세일이라니, 우리가 운이 좋았네.
신난다!
일주일 뒤
라스트 빅 세일
아직도 세일?
라스트?
폐업정리
아이쿠, 조삼모사였어.

조삼모사 ❷

아이스크림 하나 사서 나눠 먹자.
그래, 좋아.
나 한 입, 너 한 입 똑같이 한 입씩 먹자.
응!
나 먼저!
아 ~ ~ ~ 암
자, 여기.
널 믿은 내가 바보였어.

이렇게 써요

12획 朝 朝 朝 朝 朝 朝 朝 朝 朝 朝 朝 朝

아침 조	朝	朝	朝		

3획 三 三 三

셋 삼	三	三	三		

14획 暮 暮 暮 暮 暮 暮 暮 暮 暮 暮 暮 暮 暮 暮

저녁 모	暮	暮	暮		

5획 四 四 四 四 四

넷 사	四	四	四		

조삼모사	朝	三	暮	四

오늘의 짝꿍 활동

1 식판에 여러 가지 반찬이 담겨 있어요. 그중 좋아하는 반찬을 먼저 먹는 편인가요, 아니면 아끼다가 나중에 먹는 편인가요? 왜 그렇게 하는지 그 이유를 이야기해 보세요.

2 조삼모사 이야기에서 저공이 기르던 원숭이들은 왜 아침에 3개, 저녁에 4개를 먹는 것보다 아침에 4개, 저녁에 3개를 먹는 것이 낫다고 했을까요? 자신의 생각을 엄마, 아빠와 함께 이야기해 보세요.

3 원숭이가 주인공인 동화책을 찾아서 읽어 보세요.

맛있는 당근부터
다 먹어야지!

27

죽마고우

竹馬故友

대나무 말을 타고 놀던 옛 친구라는 뜻으로,
어릴 때부터 같이 놀며 자란 친구를 말해요.

이렇게 만들어졌어요

간문제는 중국 진나라의 12대 황제였어요. 환온이라는 신하가 촉나라 땅을 평정하고 돌아와 큰 세력을 이루자 간문제는 걱정이 되었어요. 간문제는 환온을 **견제**하기 위해 은호라는 사람을 양주 자사로 임명했어요.

은호는 원래 학식과 재능이 뛰어났지만 벼슬길에 나가려고 하지 않았어요. 하지만 황제의 청을 거절하지 못해 관직에 오르게 되었어요. 환온은 은호와 어릴 적 친구였으나 은호가 자신을 견제하는 자리에 오른 것을 불쾌하게 생각하여 점점 미워하게 됐어요.

그러던 어느 날, 주변 나라에서 영토 다툼이 생겼어요. 황제는 은호를 장군으로 임명하여 싸움에 내보냈어요. 그러나 은호는 말에서 떨어져 다치는 바람에 제대로 싸우지도 못하고 크게 패하고 말았어요. 환온은 기다렸다는 듯이 패하고 돌아온 은호를 비난하는 상소를 올려 그를 멀리 **귀양** 보냈어요.

"은호는 나와 어릴 때 죽마를 타고 놀던 친구였지만, 내가 죽마를 버리면 은호가 늘 그것을 가져가 타곤 했다. 그러니 그가 내 밑에서 고개를 숙이는 것은 당연하다.”

환온은 이렇게 말하며 은호를 끝까지 용서하지 않았어요. 은호는 결국 귀양지에서 삶을 마쳤어요.

귀양은 죄인을 먼 시골이나 외딴섬으로 보내어 살게 하던 벌을 말해요.
견제는 상대편이 지나치게 세력을 펴거나 자유롭게 행동하지 못하게 억누르는 것을 말해요.

함께 알면 좋아요

비슷한 성어 막역지우(莫逆之友)

허물이 없이 아주 친한 친구를 뜻해요.

비슷한 속담 친구는 옛 친구가 좋고 옷은 새 옷이 좋다

친구는 오래 사귄 친구일수록 정이 두텁고 깊어서 좋다는 말이에요.

은비야, 네 옆에 있는 애 꼬미 아니야?
응. 맞아. 매일 같이 놀았어.
알고 보니 너네 죽마고우였구나. 그런데 요즘은 왜 만나기만 하면 싸우는 거야?
꼬미랑~
꼬미가 먼저 나를 놀리니까 그렇지.
다음날
어휴, 무거워.
앗, 죽마고우 꼬미가 나타났다!
은비야, 내가 같이 들어 줄게.
은비야, 등에 이게 뭐야?
뭐?
바보
꼬미 녀석!
잡히기만 해 봐!
메~~~~롱

이렇게 써요

6획 竹竹竹竹竹竹

대나무 죽	竹	竹	竹		

10획 馬馬馬馬馬馬馬馬馬馬

말 마	馬	馬	馬		

9획 故故故故故故故故故

옛 고	故	故	故		

4획 友友友友

벗 우	友	友	友		

죽마고우	竹	馬	故	友

오늘의 짝꿍 활동

1 '죽마'는 요즘으로 치면 어릴 적 타고 놀던 세발자전거나 킥보드를 말해요. 친구들과 가장 재미있게 가지고 놀던 장난감에는 무엇이 있는지 이야기 나눠 보세요.

2 엄마, 아빠가 기억하는 어린 시절 친한 친구나 지금도 만나고 있는 죽마고우 이야기를 들어 보세요.

3 죽마고우는 어릴 적부터 사귄 오래된 친구예요. 이처럼 친구에 관한 사자성어에 대해 부모님과 함께 공부해 보세요.

예) 지란지교(芝蘭之交)
관포지교(管鮑之交)
수어지교(水魚之交)

28

청출어람

青出於藍

쪽에서 나온 푸른 물감이 쪽보다 더 푸르다는 뜻으로,
제자가 스승보다 더 뛰어나다는 말이에요.

이렇게 만들어졌어요

전국 시대의 사상가 순자는 이렇게 말했어요.

"학문은 잠시도 쉬어서는 안 된다. 푸른색은 쪽에서 나오지만 쪽보다 더 푸르고, 얼음은 물이 만들지만 물보다 더 차갑다."

예전에는 염색에 쓸 푸른색 물을 만들 때 '쪽'이라는 풀을 사용했어요. 이 풀을 찧어 물에 담가 놓으면 파란색 물이 나오는데, 이 물의 색깔이 원래 풀의 색보다 더 파랗다는 데서 나온 말이에요. 이렇듯 스승에게 학문을 배우지만 스승보다 더 뛰어난 실력을 갖춘 제자가 나올 때 청출어람이라는 말을 써요.

함께 알면 좋아요

비슷한 속담 나중 난 뿔이 우뚝하다

나중에 생긴 것이 먼저 것보다 훨씬 낫다는 뜻이에요.

만화로 배우는 사자성어

체육시간
은비는 줄넘기를 잘하는구나.
네!
은비가 나나를 좀 도와주렴.
자, 이렇게 발을 모으고
팔을 더 빨리 돌려 봐
힝, 나는 잘 안 돼.
힘!!! 아자!!!
할 수 있어. 조금만 더 힘내.
다음 체육시간
\네/
\네/
자, 다들 얼마나 열심히 연습해 왔는지 볼까요?
나도 못하는 쌩쌩이까지!
쌩쌩~
청출어람이구나.

이렇게 써요

8획 青

푸를 청	青	青	青		

5획 出

나올 출	出	出	出		

8획 於

어조사 어	於	於	於		

17획 藍

쪽빛 람	藍	藍	藍		

청출어람	青	出	於	藍

오늘의 짝꿍 활동

1 원곡과 리메이크곡이 있는 노래를 엄마, 아빠와 함께 찾아보고 두 노래를 모두 들어 보세요. 원래 노래보다 더 좋게 들리는 리메이크 노래가 있다면 어떤 점이 더 좋았는지 함께 이야기해 보세요.

2 쪽과 푸른색 물, 물과 얼음처럼 원래의 것보다 더 나아진 것은 무엇이 있는지 찾아봅시다.

3 엄마, 아빠에게서 닮고 싶은 점이 있나요? 어떤 부분을 닮고 싶은지, 어떻게 하면 그 점을 더 발전시켜 청출어람 할 수 있을지 엄마, 아빠와 함께 이야기 나눠 보세요.

엄마, 아빠의
어떤 점이 닮고 싶어?

29

타산지석

他山之石

다른 산의 돌이란 뜻으로,
다른 사람의 하찮은 말과 행동이라도
나에게 도움이 될 수 있다는 말이에요.

이렇게 만들어졌어요

중국에서 가장 오래된 시집 《시경》에 이런 구절이 나와요.

'다른 산의 돌이라도 구슬을 가는 숫돌로 쓸 수 있다네'

타산지석은 자기 산이 아니라 남의 산에 있는 작고 못난 돌이라도, 칼을 날카롭게 만드는 숫돌처럼 나의 구슬을 갈고 만드는 데 큰 도움이 될 수 있다는 뜻이에요. 다른 사람의 잘못된 말과 행동 또는 실수를 보고 나는 그러지 말아야겠다는 교훈을 얻을 수 있다는 말이에요.

함께 알면 좋아요

비슷한 성어 반면교사(反面教師)

얼굴의 반대편을 가르침으로 삼는다는 뜻으로, 사람이나 사물의 부정적인 면에서 가르침을 얻는다는 말이에요.

오늘은 강낭콩 키우기를 할 거예요.
관찰 일지를 쓰면서 잘 키우도록 해요.
관찰일지
네!!
네!!
네!!
은비야, 너는 뭐라고 이름 지을 거야? 나는 튼튼이.
나는 쑥쑥이. 쑥쑥 자라서 잘 컸으면 좋겠다.
쑥쑥아, 물 많이 먹어.
흠...
햇빛이 뜨겁지? 시원한 그늘로 옮겨 줄게.
얼마 후
나나가 강낭콩을 아주 잘 키웠네요. 비결이 뭔가요?
저는 강낭콩 대신 친구들을 관찰했어요.
친구들과 반대로 했더니 이렇게 잘 자라게 되었어요.
아하! 비결은 타산지석이었네요!
헤헷...

이렇게 써요

5획 他他他他他

다를 타	他	他	他		

3획 山山山

산 산	山	山	山		

4획 之之之之

갈 지	之	之	之		

5획 石石石石石

돌 석	石	石	石		

타산지석	他	山	之	石

오늘의 짝꿍 활동

1 다른 친구의 모습을 보고 내 행동을 고쳤던 일이 있나요? 어떤 경우에 그런 일이 있었는지 엄마, 아빠와 함께 이야기해 보세요.

2 예전에 잘못하거나 실수했던 경험을 바탕으로, 방법을 바꾸어 더 좋은 결과를 얻었던 일이 있나요? 과학 실험이나 운동할 때 일어난 일 등 자신의 경험을 엄마, 아빠와 이야기해 보세요.

3 쓸모가 없다고 버려진 물건들이 새로운 예술 작품으로 다시 태어나기도 해요. 바닷가에 놀러 갔을 때 발견한 조개껍데기로 예쁜 장식품을 만드는 것처럼요. 부모님과 함께 재활용품을 이용해 개성 넘치는 작품을 만들어 보세요.

이 물건들로 예술 작품을
만들 거야!

30

형설지공

螢雪之功

반딧불과 눈빛으로 공부한다는 뜻으로,
매우 어려운 환경에서도 포기하지 않고 공부하여
성공하는 것을 일컫는 말이에요.

이렇게 만들어졌어요

진나라의 차윤이라는 소년은 어릴 적부터 공부를 열심히 했어요. 하지만 차윤의 집안은 너무도 가난했어요. 차윤은 밤에도 책을 읽으며 공부하고 싶었지만 기름도, 기름을 살 돈도 없었어요.

차윤은 **궁리** 끝에 얇은 주머니를 만들어 그 속에 반딧불이 수십 마리를 잡아 집어넣었어요. 차윤은 그렇게 반딧불이가 내는 빛으로 열심히 공부하여 상서랑이라는 높은 관직까지 오르게 되었어요.

같은 시대 손강이라는 소년도 집안이 가난하여 호롱불을 켤 수 없었어요. 손강이 찾은 방법은 추운 겨울날 문을 열고 하얗게 내린 눈에 반사된 달빛으로 책을 읽는 것이었어요. 이렇게 열심히 공부한 손강은 어사대부라는 높은 벼슬에 올랐어요.

반딧불이와 눈의 빛으로 공부하여 성공한 두 사람의 이야기가 합쳐져 형설지공이라는 말이 나오게 되었어요.

함께 알면 좋아요

비슷한 성어 주경야독(晝耕夜讀)

낮에는 일하고 밤에는 공부한다는 뜻으로, 어려움 속에서도 꿋꿋이 공부하는 것을 말해요.

비슷한 속담 공든 탑이 무너지랴

정성을 다해 쌓은 탑은 무너질 리가 없다는 뜻이에요.

궁리는 마음속으로 이리저리 따져
깊이 생각하는 거예요.

이건 좀
심각하네.
힝…
꼬미야, 형설지공
까진 아니더라도
공부를 해야지.
꼬미
수학
시험
형설지공?
어려운 환경에서도
열심히 공부해서
성공한다는 뜻이야.
3×1=3 3×2=6
3×3=9… 5×5=25
♡꼬미방♡
공부중
우리 꼬미가
웬일이야.
다음 날
… 8×1=8…
9….
꼬미야,
저녁 먹고 해.
오늘도 공부 중?
음냐…
2…5
…9…
구구단
음냐
9×1=
9…
꿈속에서
공부하고 있을
줄이야.

형설지공…

이렇게 써요

16획 螢螢螢螢螢螢螢螢螢螢螢螢螢螢螢螢

반딧불이 형	螢	螢	螢		

11획 雪雪雪雪雪雪雪雪雪雪雪

눈 설	雪	雪	雪		

4획 之之之之

갈 지	之	之	之		

5획 功功功功功

공로 공	功	功	功		

형설지공	螢	雪	之	功

오늘의 짝꿍 활동

1 손강과 차윤이 공부하고 싶어도 공부할 수 없었던 것은 가난 때문이었어요. 요즘 나의 공부 습관을 방해하는 것이 있다면 무엇인지 생각해 보세요.

2 엄마, 아빠는 학창 시절에 어떻게 공부했을까요? 어려운 환경을 이겨 내고 공부한 경험이나 성적을 올린 공부법이 있는지 함께 이야기 나눠 보세요.

3 우리 주변에는 공부하고 싶어도 힘든 환경 때문에 마음껏 공부하지 못하는 아이들이 있어요. 그런 친구들에게 도움을 줄 수 있는 방법에는 무엇이 있는지 부모님과 함께 찾아보세요.

가로세로 사자성어 퍼즐

지금까지 배운 사자성어로 가로세로 퍼즐을 풀어 봐요!

		②			③					④
① 사	면	초	가				②			
				③						
			④		⑦				⑧	
⑥							⑤			
⑥										
				⑨						
		⑦								
	⑩						⑧			⑪
⑨										
					⑩					

가로

① 사방이 적으로 둘러싸인 것처럼 아무에게도 도움을 받지 못하는 상황

② 이제 막 처음으로 들음

③ 다른 산의 돌이란 뜻으로, 다른 사람의 하찮은 말과 행동이라도 나에게 도움이 됨

④ 대나무 말을 타고 놀던 옛 친구라는 뜻으로, 어릴 때부터 같이 놀며 자람

⑤ 같은 침대에 자면서 서로 다른 꿈을 꿈

⑥ 어부의 이익이란 뜻으로, 두 사람이 싸우는 사이에 엉뚱한 사람이 이득을 봄

⑦ 인생의 좋고 나쁜 일은 변화가 많아서 예측하기 어려움

⑧ 많으면 많을수록 더욱 좋음

⑨ 아침에는 세 개, 저녁에는 네 개를 준다는 뜻으로, 교활한 꾀로 남을 속이는 것

⑩ 눈을 비비고 다른 사람을 대한다는 뜻으로, 남의 학식이나 재주가 놀랄 만큼 부쩍 늘어남

세로

① 모든 일은 반드시 올바른 곳으로 돌아감

② 풀을 묶어 은혜를 갚는다는 뜻으로, 죽어서라도 잊지 않고 은혜를 갚음

③ 우공이 산을 옮긴다는 말로, 아무리 어려운 일이라도 끝까지 노력하면 이룰 수 있음

④ 문을 닫아걸고 밖으로 나가지 않음

⑤ 묻는 말에 대하여 전혀 상관없는 엉뚱한 대답을 함

⑥ 쪽에서 나온 푸른 물감이 쪽보다 더 푸르다는 뜻으로, 제자가 스승보다 더 뛰어남

⑦ 고생 끝에 즐거움이 옴

⑧ 쇠귀에 경 읽기라는 뜻으로, 아무리 가르치고 말해 줘도 알아듣지 못함

⑨ 처지를 바꾸어 생각함

⑩ 맹자의 어머니가 아들을 가르치기 위해 세 번이나 이사함

⑪ 어떤 일이 일어나기 전에 미리 앞을 내다보고 아는 지혜

정답

		결			우					두
사	면	초	가		공		금	시	초	문
필		보			이					불
귀		은		타	산	지	석			출
정										
			죽	마	고	우			우	
청					진		동	상	이	몽
출					감		문		독	
어	부	지	리		래		서		경	
람				역			답			
		새	옹	지	마					
	맹			사			다	다	익	선
	모			지						견
조	삼	모	사							지
	천				괄	목	상	대		명

다음에 또 만나요~!